MATEMÁTICA

CÉLIA PASSOS

Cursou Pedagogia na Faculdade de Ciências Humanas de Olinda – PE, com licenciaturas em Educação Especial e Orientação Educacional. Professora do Ensino Fundamental e Médio (Magistério) e coordenadora escolar de 1978 a 1990.

ZENEIDE SILVA

Cursou Pedagogia na Universidade Católica de Pernambuco, com licenciatura em Supervisão Escolar. Pós-graduada em Literatura Infantil. Mestra em Formação de Educador pela Universidade Isla, Vila de Nova Gaia, Portugal. Assessora Pedagógica, professora do Ensino Fundamental e supervisora escolar desde 1986.

5ª edição
São Paulo
2022

Coleção Eu Gosto Mais
Matemática 3º ano
© IBEP, 2022

Diretor superintendente Jorge Yunes
Diretora editorial Célia de Assis
Coordenadora editorial Viviane Mendes Gonçalves
Assistentes editoriais Isabella Mouzinho, Patrícia Ruiz e Stephanie Paparella
Revisores Erika Alonso e Yara Affonso
Secretaria editorial e processos Elza Mizue Hata Fujihara
Ilustrações Eunice/Conexão Editorial, Imaginario Studio, Ilustra Cartoon, João Anselmo e Izomar
Produção gráfica Marcelo Ribeiro
Projeto gráfico e capa Aline Benitez
Ilustração da capa Gisele Libutti
Diagramação N-Public/Formato Comunicação

DADOS INTERNACIONAIS DE CATALOGAÇÃO NA PUBLICAÇÃO
(CIP) DE ACORDO COM ISBD

P289e

Passos, Célia
　　Eu gosto m@is: Matemática 3º ano / Célia Passos, Zeneide Silva. – 5. ed. – São Paulo : IBEP – Instituto Brasileiro de Edições Pedagógicas, 2022.
　　240 p. : il. ; 20,5cm x 27,5cm. – (Eu gosto m@is)

　ISBN: 978-65-5696-210-8 (aluno)
　ISBN: 978-65-5696-211-5 (professor)

　1. Ensino Fundamental Anos Iniciais. 2. Livro didático. 3. Matemática. I. Silva, Zeneide. II. Título. III. Série.

2022-2425　　　　　　　　　　　　　　　　CDD 372.07
　　　　　　　　　　　　　　　　　　　　　CDU 372.4

Elaborado por Odilio Hilario Moreira Junior – CRB-8/9949

Índice para catálogo sistemático:
1. Educação – Ensino fundamental: Livro didático 372.07
2. Educação – Ensino fundamental: Livro didático 372.4

5ª edição – São Paulo – 2022
Todos os direitos reservados

Rua Agostinho de Azevedo, S/N – Jardim Boa Vista
São Paulo/SP – Brasil – 05583-140
Tel.: (11) 2799-7799 – www.editoraibep.com.br

Gráfica Impress - Outubro 2022

APRESENTAÇÃO

Querido aluno, querida aluna,

Ao elaborar esta coleção pensamos muito em vocês.

Queremos que esta obra possa acompanhá-los em seu processo de aprendizagem pelo conteúdo atualizado e estimulante que apresenta e pelas propostas de atividades interessantes e bem ilustradas.

Nosso objetivo é que as lições e as atividades possam fazer vocês ampliarem seus conhecimentos e suas habilidades nessa fase de desenvolvimento da vida escolar.

Por meio do conhecimento, podemos contribuir para a construção de uma sociedade mais justa e fraterna: esse é também nosso objetivo ao elaborar esta coleção.

Um grande abraço,

As autoras

SUMÁRIO

LIÇÃO

1 Os números e sua história 6
- Sistema de numeração egípcio 6
- Sistema de numeração romano 8

2 Números no dia a dia 11
- Números ordinais 14
- Dúzia e meia dúzia 17

3 Sistema de Numeração Decimal – a unidade de milhar 22
- Um pouco de História 22
- Características do Sistema de Numeração Decimal 23
- A relação entre as quantidades de unidades de milhar e de centenas 24
- Diferentes representações dos números no Sistema de Numeração Decimal 26
- Ordens e classes 30

4 Geometria 35
- Sólidos geométricos 35

5 Comparação e ordenação de números naturais 43
- Ordem crescente e ordem decrescente 44
- Antecessor e sucessor 47
- Reta numérica e ordenação de números 48

6 Adição com números naturais 51
- Ideias básicas da adição 51
- Propriedades da adição 52
- Verificação da adição 54

7 Subtração com números naturais 62
- Ideias básicas da subtração 62
- Verificação da subtração 63
- Algumas conclusões sobre a subtração 63
- Subtração por reagrupamento 64

8 Localização e movimentação 72

9 Multiplicação de números naturais 76
- Ideias da multiplicação 76
- Tabuada do 2 81
- Tabuada do 3 82
- Outras tabuadas 83
- Algoritmo da multiplicação 87
- O dobro e o triplo 89
- Multiplicação com reagrupamento 94

LIÇÃO

10 **Divisão de números naturais** 100
- Repartindo em partes iguais 100
- Algoritmo da divisão 103
- Divisão exata e divisão não exata 105
- Verificação da divisão 107

11 **Geometria plana** 114
- Retas e curvas 114
- Figuras geométricas planas 116
- Classificação de algumas figuras planas 118
- Figuras congruentes 120

12 **Álgebra: sequência e igualdade** 122
- Sequência 122
- Relação de igualdade 125

13 **Frações** 129
- Metade ou meio 129
- Um terço ou terça parte 130
- Um quarto ou quarta parte 132
- Um quinto ou quinta parte 134
- Um décimo ou décima parte 135

14 **Medidas de tempo** 142
- As horas 142
- Os minutos 145
- O calendário 148

15 **Medidas de comprimento** 153
- Comprimento 153
- Metro e centímetro 154

16 **Simetria** 161
- Vistas 161
- Simetria 164

17 **Noções de acaso** 170
- Chances: maiores ou menores 170

18 **Medidas de capacidade** 174
- Capacidade 174

19 **Medidas de massa** 180
- Massa 180
- Quilograma e grama 180

20 **Nosso dinheiro** 186
- O Real 186

Almanaque 193

LIÇÃO 1 — OS NÚMEROS E SUA HISTÓRIA

Sistema de numeração egípcio

Os números surgiram quando as pessoas sentiram necessidade de contar e registrar a quantidade de seus animais, alimentos e objetos.

Inicialmente, os registros das quantidades eram bem diferentes daqueles que usamos em nosso dia a dia. Cada civilização tinha sua maneira de representar quantidades.

Veja os símbolos criados pelos egípcios.

Símbolo egípcio	|	∩	𓏲	𓆼	𓂭	𓆐	𓁀
Descrição	bastão	calcanhar	corda enrolada	flor de lótus	dedo dobrado	girino	homem ajoelhado
Número indo-arábico	1	10	100	1000	10000	100000	1000000

Veja, no quadro, como eram representados os números de 1 a 9.

1	2	3	4	5	6	7	8	9
|	||	|||	||||	|||||	||||||	|||||||	||||||||	|||||||||

Para representar outros números, os egípcios repetiam os símbolos até que pudessem trocá-los pelo próximo símbolo. Veja os números de 10 a 19.

10	11	12	13	14	15	16	17	18	19
∩	∩|	∩||	∩|||	∩||||	∩|||||	∩||||||	∩|||||||	∩||||||||	∩|||||||||

O 20 era representado por ∩∩.
Veja as outras dezenas inteiras.

30 ∩∩∩
40 ∩∩∩∩
50 ∩∩∩∩∩
60 ∩∩∩∩∩∩
70 ∩∩∩∩∩∩∩
80 ∩∩∩∩∩∩∩∩
90 ∩∩∩∩∩∩∩∩∩

Para registrar 100, em vez de escrever ∩∩∩∩∩∩∩∩∩∩, trocavam esse agrupamento por um símbolo novo, que parecia um pedaço de corda enrolada: ϡ.

Agora observe, por exemplo, alguns modos como os egípcios escreviam o número 342.

ϡϡϡ ∩∩∩∩ ||	ou	∩∩ ∩∩ ϡϡϡ ||	ou	|| ϡϡ ϡ ∩∩ ∩∩
300 40 2		40 300 2		2 300 40

ATIVIDADES

1 Represente os números com símbolos egípcios.

a) 23 _____

b) 234 _____

c) 517 _____

d) 111 _____

e) 999 _____

Sistema de numeração romano

Os romanos usavam um sistema de numeração interessante para representar os números.

Eles escolheram sete letras e atribuíram valores a cada uma delas.

I	V	X	L	C	D	M
1	5	10	50	100	500	1 000
um	cinco	dez	cinquenta	cem	quinhentos	mil

Conheça a escrita numérica romana até 20.

1	I	11	XI
2	II	12	XII
3	III	13	XIII
4	IV	14	XIV
5	V	15	XV
6	VI	16	XVI
7	VII	17	XVII
8	VIII	18	XVIII
9	IX	19	XIX
10	X	20	XX

Consulte o quadro para resolver as atividades.

Observando o quadro acima, é possível destacar algumas regras desse sistema:

- as letras **I** e **X**, que valem 1 e 10, respectivamente, podem se repetir até **3** vezes;
- a letra **V** vale 5. Colocando **I à esquerda**, escrevemos 4 (IV). Então, o I colocado **à esquerda** do V indica que devemos **diminuir** 1.
- colocando **I à direita** de V, escrevemos 6 (VI). Então, o I colocado **à direita** do V indica que devemos **somar** 1.
- o mesmo acontece com o **X**, que vale 10. **IX** vale 9 e **XI** vale 11.

ATIVIDADES

1 Represente em algarismos romanos os seguintes números.

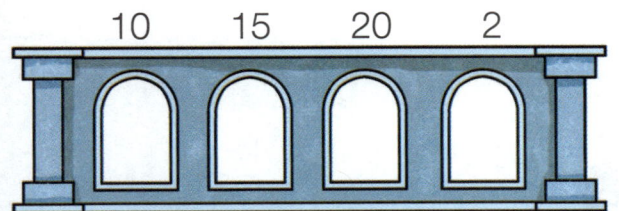
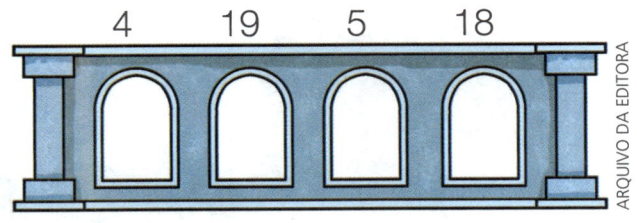

2 Faça a correspondência entre os números.

| 1 | 3 | 6 | 8 | 9 | 12 | 20 |

| XX | IX | VIII | XII | I | VI | III |

3 Complete a sequência.

I, II, ___, ___, V, ___, ___, VIII, ___, X, ___, ___, ___,

XIV, ___, ___, ___, ___, ___, XX.

4 Escreva os números romanos que vêm imediatamente antes e depois.

a) ___ XII ___

b) ___ VII ___

c) ___ XIX ___

d) ___ II ___

e) ___ IV ___

f) ___ XVIII ___

g) ___ X ___

h) ___ V ___

5 Ligue os pontos na sequência numérica.

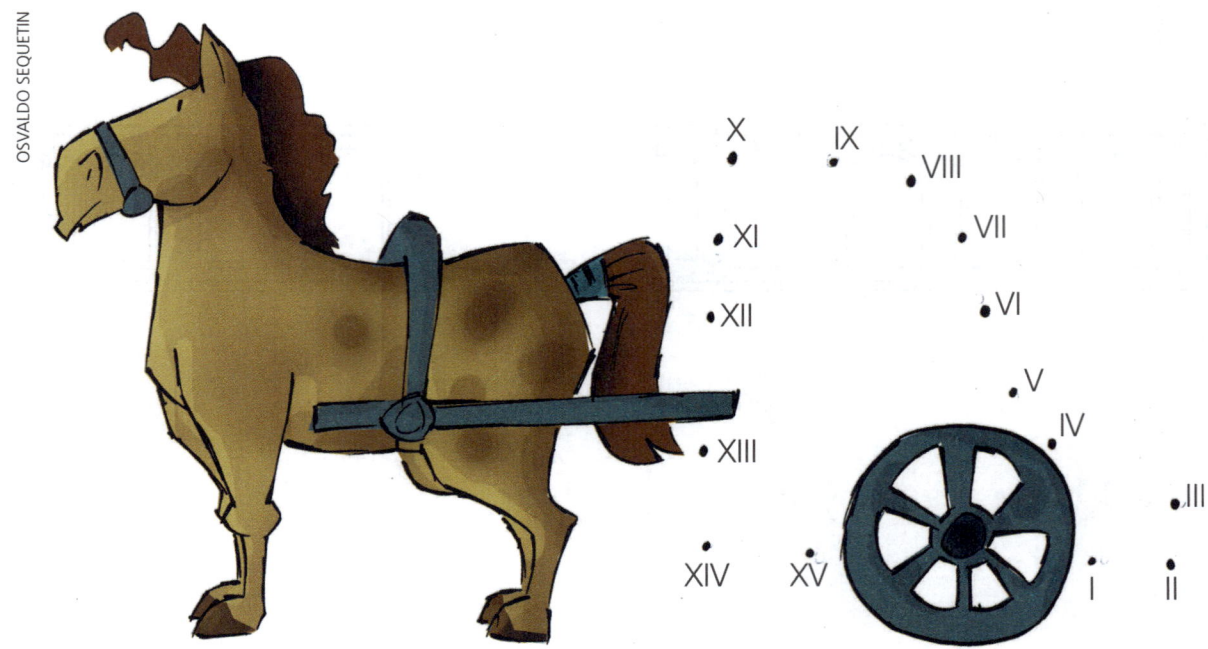

Até hoje a escrita numérica dos romanos é utilizada.
Os séculos são representados nessa escrita.
Os capítulos de livros, assim como seus volumes, também são numerados pelos algarismos romanos.
Os relógios de pulso, de bolso e modelos de parede conservam um charme especial com a representação numérica romana.

LEIA MAIS

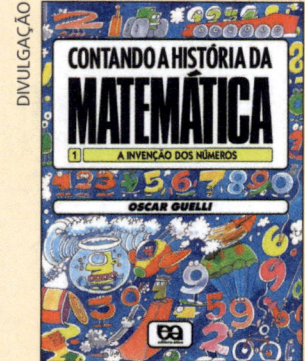

Contando a História da Matemática
Volume 1 – A Invenção dos Números

Oscar Guelli. São Paulo: Ática, 1996.

Apresenta a interessante história do aparecimento dos números, desde o uso dos dedos, passando por marcas em ossos, pedras, até o surgimento dos algarismos.

NÚMEROS NO DIA A DIA

Existem vários sistemas de numeração, porém o mais utilizado é o **Sistema de Numeração Decimal**. Nesse sistema, os agrupamentos são organizados em quantidades de 10, e, para representar os números, são utilizados símbolos que chamamos algarismos **indo-arábicos**. São assim chamados porque foram criados pelos hindus e divulgados pelos árabes ao longo do tempo. Com apenas 10 símbolos (os 10 algarismos) é possível escrever qualquer número. Esses 10 algarismos passaram por diversas transformações até chegarem aos que usamos hoje.

Hoje fazemos uso desses símbolos (e dos números compostos por eles) nas mais diversas situações.

Em situações de comunicação, como na telefonia móvel, utilizamos os números com o significado de código, por exemplo, para entrar em contato com alguém.

- Você sabe para que utilizamos os números?

ATIVIDADES

1 Responda.

a) Qual é a data do seu nascimento? _____

b) Qual é sua idade? _____ anos.

c) Qual é sua altura? _____ metro e _____ centímetros.

d) Qual é o número do seu sapato? _____

2 Escreva quantos algarismos há em cada número representado a seguir.

a) 7 _____

b) 6 503 _____

c) 136 _____

d) 1 200 _____

e) 98 _____

f) 9 828 _____

g) 19 _____

h) 321 _____

3 Represente as quantidades por meio de números.

a) catorze _____

b) setecentos e trinta _____

c) cento e vinte e oito _____

d) cinquenta e oito _____

e) vinte _____

f) onze _____

g) dezesseis _____

h) dois _____

i) trezentos e dez _____

j) quatrocentos _____

4 Com os algarismos 7 9 8 , forme todos os números possíveis:

a) com 2 algarismos não repetidos. _____

b) com 3 algarismos não repetidos. _____

INFORMAÇÃO E ESTATÍSTICA

A tabela a seguir apresenta a quantidade de materiais recicláveis coletados por duas empresas de coleta: a empresa Coleta Inteligente e a empresa Recicle Bem. Observe:

Materiais recicláveis	Coleta Inteligente	Recicle Bem
Papel	50	35
Plástico	30	20
Metal	10	40
Vidro	15	10

Organize as informações da tabela nos gráficos abaixo.

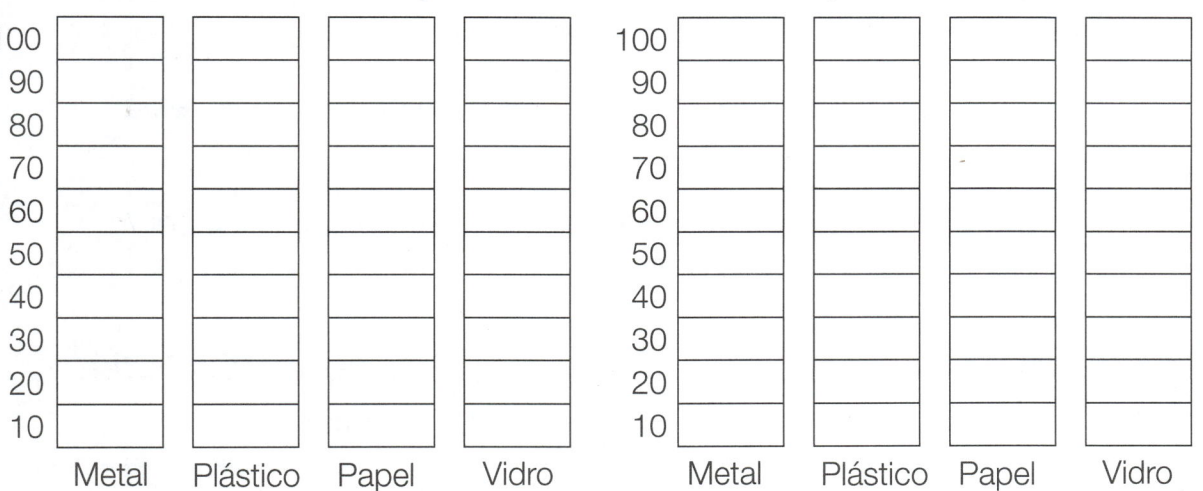

1. Qual empresa coletou maior número de materiais?

___

2. Qual empresa coletou maior número de materiais de metal?

___

Números ordinais

O instrutor está passando as orientações aos adolescentes que vão para uma excursão.

- Qual é a posição da menina de calçado amarelo? _____
- Se tivesse uma pessoa depois da garota de tiara, qual seria a posição dessa pessoa? _____
- Qual é a posição do garoto que está usando celular? _____
- Você acha que a atitude desse garoto com celular na fila está correta? Converse com os colegas.

Você conhece os números ordinais após a 10ª posição? Observe o quadro com alguns números ordinais.

10º	Décimo	60º	Sexagésimo
20º	Vigésimo	70º	Septuagésimo
30º	Trigésimo	80º	Octogésimo
40º	Quadragésimo	90º	Nonagésimo
50º	Quinquagésimo	100º	Centésimo

Agora veja como podemos ler outros números ordinais com base nesse quadro.

12º – **décimo segundo**   53º – **quinquagésimo terceiro**

35º – **trigésimo quinto**   79º – **septuagésimo nono**

44º – **quadragésimo quarto**   81º – **octogésimo primeiro**

Observe como podemos fazer a leitura de qualquer número ordinal a partir das dezenas exatas:

12º

10º décimo + 2º segundo = décimo segundo

ATIVIDADES

1 Complete com o nome ou com a representação numérica dos ordinais.

9º — nono

21ª —

— décimo segundo

51ª —

15º —

— trigésima quarta

Você percebeu a diferença na representação dos números 21ª, 34ª, 51ª e sua escrita?

Converse com sua professora sobre essa forma de representação dos números ordinais.

2 Responda.

- Qual é a 1ª letra do seu nome? _____
- Qual é a 3ª letra do seu nome? _____
- Qual é o nome do 9º mês do ano? _____
- Qual é o nome do 2º dia da semana? _____
- Qual é a 6ª letra do nosso alfabeto? _____

3 Observe a posição de cada letra na ordem alfabética.

A B C D E F G H I J K L M N O P Q R S T U V W X Y Z

Descubra o nome das brincadeiras preenchendo os quadros com as letras correspondentes à sua posição no alfabeto.

17ª	21ª	5ª	9ª	13ª	1ª	4ª	1ª

16ª	5ª	7ª	1ª		16ª	5ª	7ª	1ª
				-				

Você conhece essas brincadeiras? _____

4 Com seus colegas, organize uma fila em ordem de tamanho, do maior para o menor. Depois, registre as posições.

- Quantos alunos estão na fila? _____
- Quem é o primeiro da fila? _____
- Quem é o último da fila? _____
- Qual é a sua posição na fila? _____

Dúzia e meia dúzia

Carmem e sua mãe foram fazer compras no mercado. Veja o que elas compraram.

Produtos	Quantidade em unidades	Quantidade em dúzias
Tomate	6	meia
Banana	12	1
Laranja	24	2
Pregadores de roupa	36	3

12 bananas é o mesmo que **uma dúzia**.

6 tomates é o mesmo que **meia dúzia**.

Agora, é com você:

- 24 laranjas é o mesmo que _____.

- 36 pregadores é o mesmo que _____.

ATIVIDADES

1 Dona Lúcia fez uma lista dos ingredientes de que precisa para preparar uma sobremesa. Escreva os números correspondentes às quantidades. O primeiro já foi feito.

- 1 dúzia e meia de ovos __18__
- 2 dúzias e meia de pêssegos _____
- 1 dúzia de maçãs _____
- 4 dúzias de morangos _____
- Meia dúzia de cachos de uva _____

2 Faça o cálculo mental e assinale a resposta correta.

a) Antes de jogar, Luciano tinha 5 bolas de gude.
Agora, ele tem 17.
Luciano ganhou no jogo:

☐ 1 dezena de bolas de gude.

☐ 1 dezena e meia de bolas de gude.

☐ 1 dúzia de bolas de gude.

b) Maria tem 6 chocolates.
Quantos chocolates faltam para ela ter 24?

☐ 1 dúzia ☐ 2 dúzias ☐ 1 dúzia e meia

c) Chegaram ao mercado 5 dúzias e meia de ovos para vender.
Quantas unidades de ovos chegaram ao mercado?

☐ 60 ovos ☐ 66 ovos ☐ 72 ovos

3 Calcule mentalmente e complete.

a) Preciso juntar _____ a 4 para ter 1 dúzia.

b) Preciso juntar _____ a 14 para ter 1 dúzia e meia.

c) Preciso juntar _____ a 8 para ter 2 dúzias.

d) Preciso juntar _____ a 18 para ter 2 dúzias e meia.

e) Preciso juntar _____ a 14 para ter 3 dúzias.

4 Complete estes quadros mágicos. A soma dos números na horizontal e na vertical deve ser sempre uma dúzia e meia.

5		
6		
7		

3	4	5	6

5 Escreva o nome de 5 elementos que, normalmente, são comprados por dúzia.

_____

_____

_____

PROBLEMAS

1 Para uma festa de aniversário, Daniela comprou 2 dúzias de pratos, 2 dúzias de copos e 3 dúzias de garfos. Ao todo, quantos objetos Daniela comprou para a festa de aniversário?

Cálculo

Resposta: _____

2 No pomar da escola há uma laranjeira repleta de frutos. Colhemos 4 dúzias e meia de laranjas só nessa laranjeira. Quantas unidades de laranjas colhemos?

Cálculo

Resposta: _____

3 Um criador de codornas pegou 2 dúzias de ovos que as aves botaram em um dia. Cozinhou meia dúzia para seus filhos no almoço. Quantos ovos de codorna sobraram?

Cálculo

Resposta: _____

4 Foram distribuídas igualmente 5 dúzias de livros infantis entre 3 classes do 3º ano. Quantos livros cada classe recebeu?

Cálculo

Resposta: _____

5 Carlos tem 1 dúzia de carrinhos, Pedro tem o triplo. Quantas unidades de carrinhos os 2 têm juntos?

Cálculo

Resposta: _____

6 Elisa comprou 1 dúzia de laranjas, meia dúzia de figos e 2 dúzias de bananas. Quantas frutas ela comprou ao todo?

Cálculo

Resposta: _____

SISTEMA DE NUMERAÇÃO DECIMAL – A UNIDADE DE MILHAR

Um pouco de História

A origem do sistema de numeração que é atualmente utilizado na maioria das culturas contemporâneas do Ocidente é muito antiga. Surgiu na Ásia, há muitos séculos, no vale do rio Indo, onde hoje é o Paquistão.

Já os primeiros exemplos preservados de nossos atuais símbolos numéricos são encontrados em algumas colunas de pedra que foram erigidas na Índia, por volta do ano 250 a.C., pelo rei Asóka. Outros exemplos, se corretamente interpretados, foram encontrados entre registros gravados em paredes de cavernas, perto de Poona, na Índia, por volta dos anos 100 a.C., bem como em algumas inscrições gravadas nas cavernas em Nasik, também na Índia, por volta de 200 a.C. Esses sistemas não eram posicionais e, portanto, não existia a necessidade de um símbolo que representasse o zero.

Até que fosse desenvolvida a numeração decimal, com a introdução do valor posicional e a utilização do zero, ainda se passariam alguns séculos. Provavelmente, essas modificações tenham sido introduzidas na Índia por volta do século V d.C.

[...]

A denominação **indo-arábico**, para o nosso sistema de numeração, deve-se ao fato de seus símbolos e suas regras terem sido desenvolvidos pelo antigo povo indiano, mas aperfeiçoados e divulgados pelos árabes.

Disponível em: https://bit.ly/2z4j3UL. Acesso em: 1 de jul. 2022.

Características do Sistema de Numeração Decimal

No Sistema de Numeração Decimal agrupamos as quantidades em 10. Cada 10 unidades de uma ordem forma uma unidade da ordem seguinte. Essa ideia fica mais clara se observamos o Material Dourado.

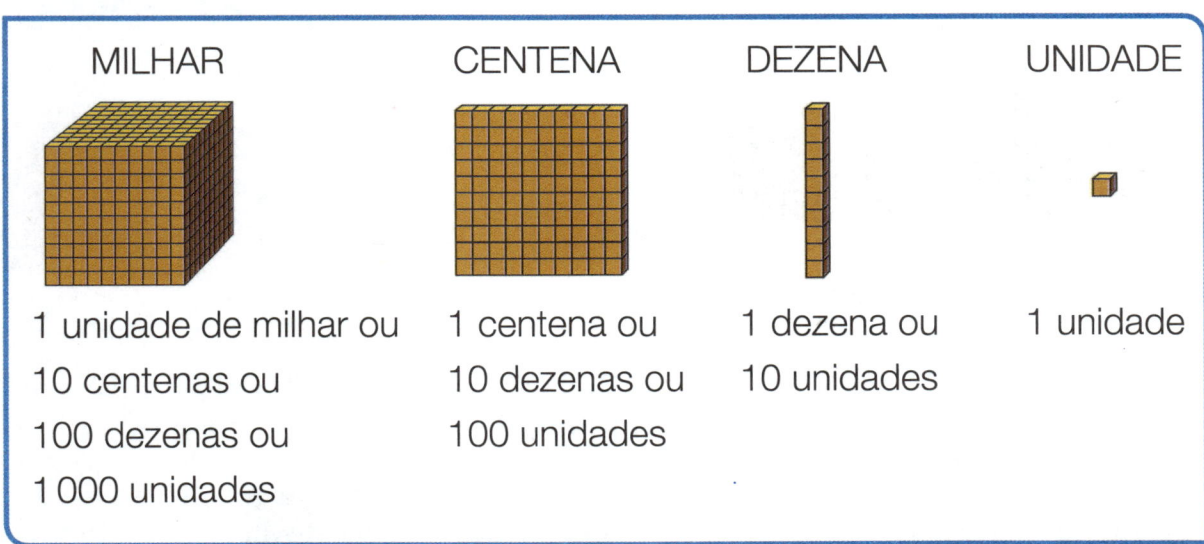

MILHAR	CENTENA	DEZENA	UNIDADE
1 unidade de milhar ou 10 centenas ou 100 dezenas ou 1 000 unidades	1 centena ou 10 dezenas ou 100 unidades	1 dezena ou 10 unidades	1 unidade

No Material Dourado, o **milhar** é representado pelo cubo, pois para formar um cubo com 1 000 cubinhos são necessárias 10 placas com 100 cubinhos cada uma.

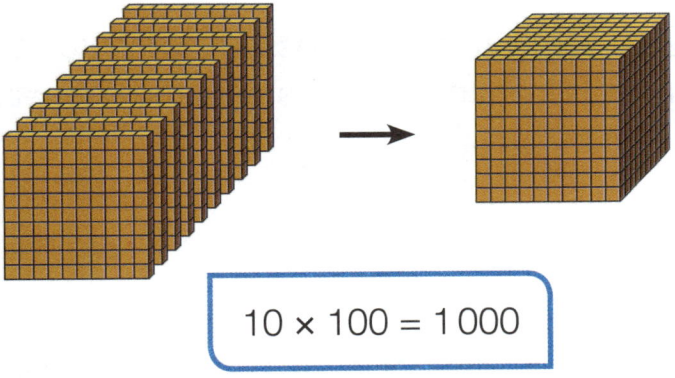

10 × 100 = 1 000

- Para fazer a troca de 2 cubos grandes por placas, quantas placas são? _____

- Para fazer a troca de 5 placas por barras, quantas barras são?
_____

- Para fazer a troca de 8 barras por cubinhos, quantos cubinhos são?
_____

A relação entre as quantidades de unidades de milhar e de centena

Os agrupamentos e as trocas no Sistema de Numeração Decimal permitem algumas composições. Vamos observar as composições e as decomposições entre as unidades de milhar e as centenas.

Observe o número 2 300.

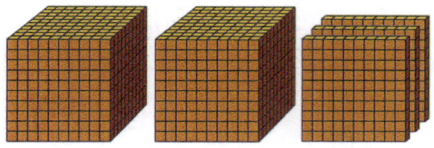

Agora, veja o seguinte.

Dentro do número 2 300 cabem, no máximo, 2 unidades de milhar, ou seja:

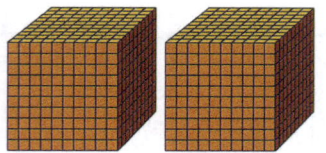

Dentro do número 2 300 cabem, no máximo, 23 centenas, ou seja:

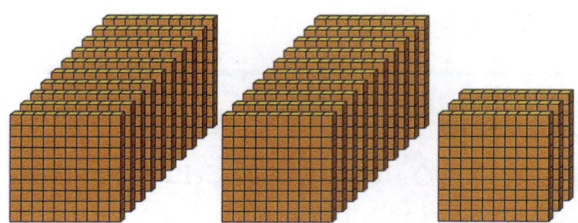

- Se, em vez de somente placas, fossem somente barras? Quantas barras seriam necessárias para representarmos esse número?

ATIVIDADES

1 Observe o número 3 400 representado com o Material Dourado.

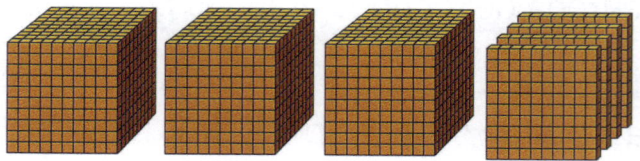

a) Quantas unidades de milhar cabem nesse número? _____

b) Quantas centenas cabem nesse número? _____

24

2 Observe as quantidades representadas com o Material Dourado e ligue às quantidades correspondentes.

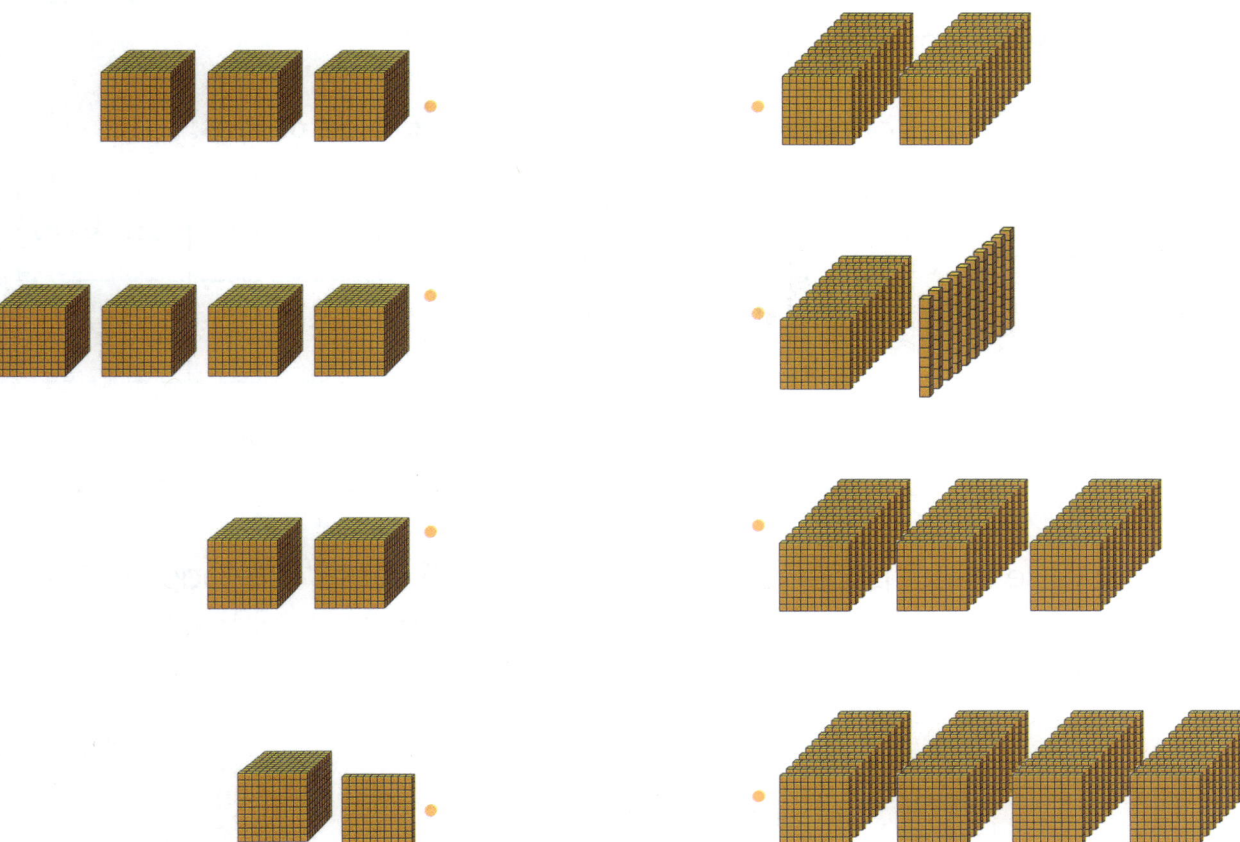

3 Observe o exemplo e preencha o quadro.

	1 200	mil e duzentos

Diferentes representações dos números no Sistema de Numeração Decimal

Os números podem ser representados de diversos modos. Observe as diferentes representações do número 1 325.

Com o Material Dourado:

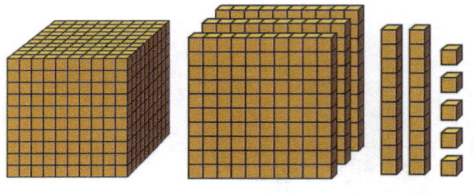

No quadro de ordens:

Unidade de milhar	Centena	Dezena	Unidade
1	3	2	5

Por decomposição:
1 325 = 1 × 1 000 + 3 × 100 + 2 × 10 + 5 × 1

Por composição:
1 000 + 300 + 20 + 5 = 1 325

Com base nisso, podemos dizer que em **1 325** cabe 1 unidade de milhar; cabem 13 centenas; cabem 132 dezenas; cabem 1 325 unidades. Ou seja, dentro de 1 325, cabem, no máximo:

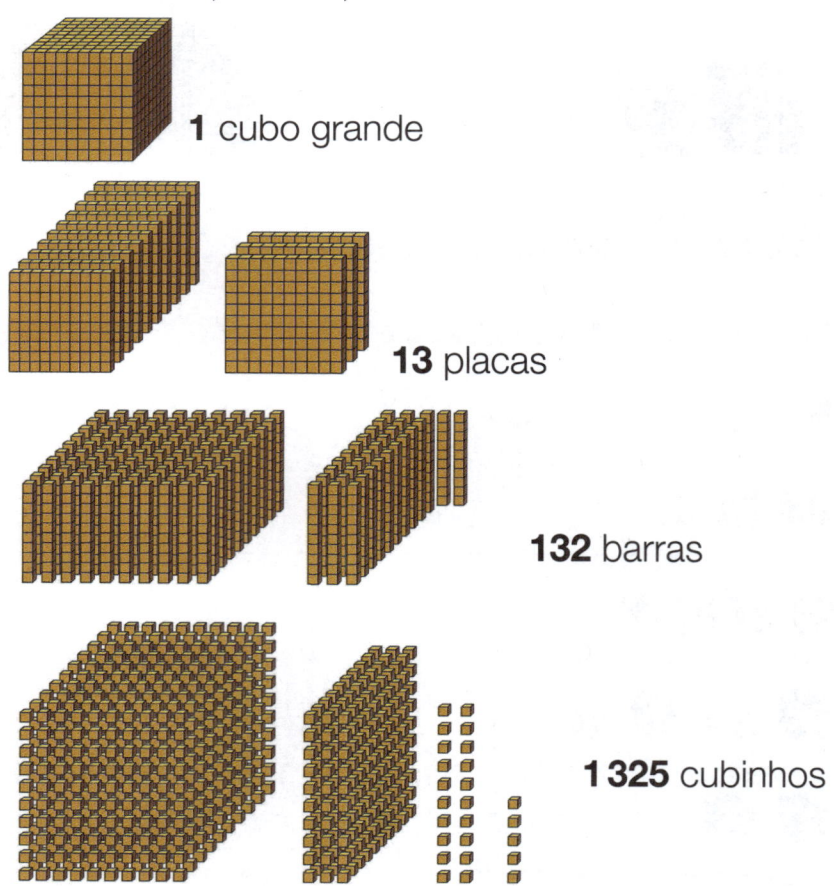

1 cubo grande

13 placas

132 barras

1 325 cubinhos

ATIVIDADES

1 Complete.

a) 100 unidades = _____ dezenas.

b) 1 centena = _____ dezenas.

c) 100 unidades = _____ centena.

d) 1 000 unidades = _____ unidade de milhar.

e) 10 centenas = _____ unidade de milhar.

2 Observe os números e complete.

a) 3 333

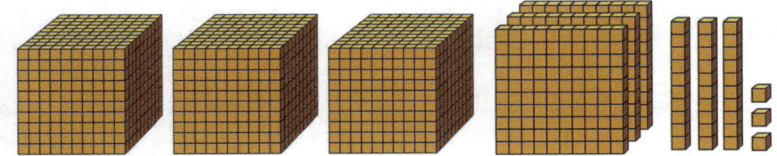

3 333 = _____ × 1 000 + _____ × 100 + _____ × 10 + _____ × 1 ou

3 333 = 3 000 + _____ + _____ + _____

b) 2 407

2 407 = _____ ou

2 407 = _____

3 Leia o número e escreva no quadro de ordens.

6 unidades de milhar, 3 centenas, 5 dezenas e 5 unidades

UM	C	D	U

4 Observe a representação deste número. Nele foram utilizados apenas cubinhos.

a) Se os cubinhos forem trocados por barras, quantas barras serão?
_____

b) Se os cubinhos forem trocados por placas, quantas placas serão?
_____

c) Se os cubinhos forem trocados por cubos grandes, quantos cubos grandes serão? _____

d) Que número está representado? _____

5 Observe o número representado ao lado. 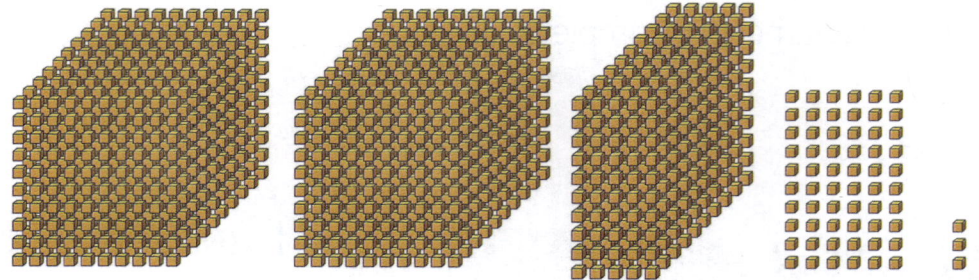 5 000

a) Quantas unidades de milhar cabem nesse número? _____

b) Quantas centenas cabem nesse número? _____

c) Quantas dezenas cabem nesse número? _____

d) Quantas unidades cabem nesse número? _____

6 Observe os números nos quadros de ordens e complete.

UM	C	D	U
4	3	3	9

UM	C	D	U
7	2	9	3

Esse número tem:
4 unidades de milhar;
43 centenas;
433 dezenas;
_____ unidades.

Esse número tem:
_____ unidades de milhar;
_____ centenas;
_____ dezenas;
_____ unidades.

7 Observe quatro maneiras de representar um número. Complete.

Com Material Dourado:

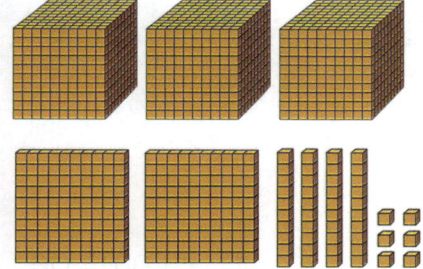

Com Material Dourado:

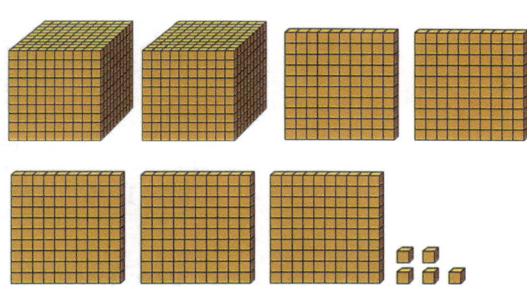

No quadro de ordens:

UM	C	D	U

No quadro de ordens:

UM	C	D	U

Por extenso:
_____

Por extenso:
_____

Por decomposição:
3 000 + ___ × 100 + ___ × 10 + ___ × 1
ou

_____ + _____ + _____ + _____

Por decomposição:
_____
ou

_____

Ordens e classes

Outra característica do nosso sistema de numeração é que ele segue o princípio do **valor posicional do algarismo**, isto é, cada algarismo tem um valor de acordo com a posição que ocupa na representação do número.

O **ábaco vertical** é um recurso que pode ser utilizado para representar unidades, dezenas, centenas, unidades de milhar, dezenas de milhar e centenas de milhar. Com ele fica mais fácil visualizar as posições e as ordens dos algarismos no Sistema de Numeração Decimal.

Observe a quantidade representada.

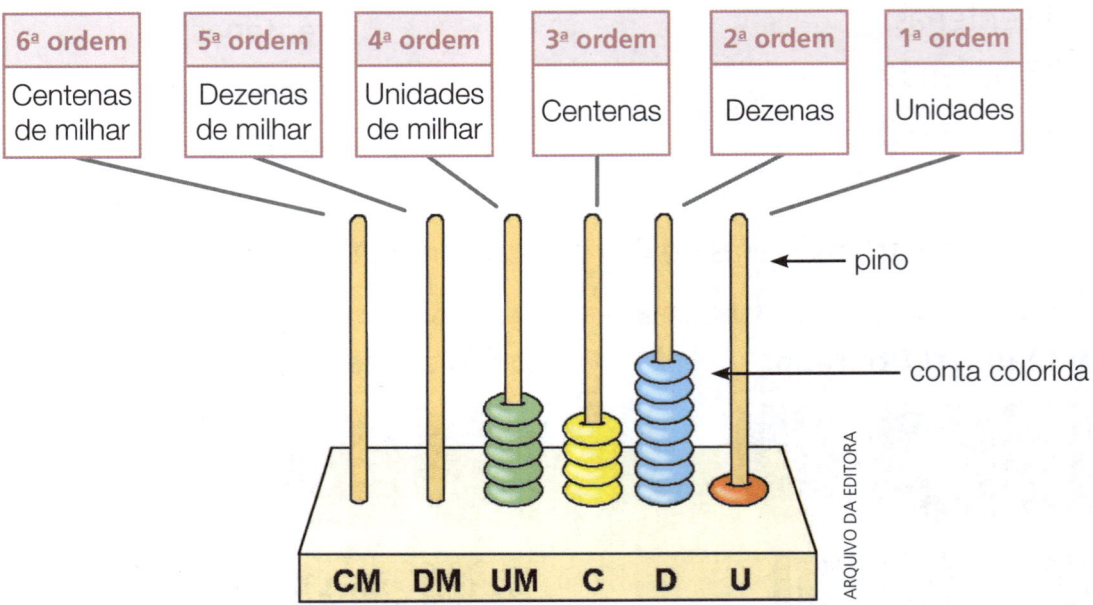

Cada pino do **ábaco vertical** representa uma ordem do Sistema de Numeração Decimal. A quantidade de contas coloridas em cada pino representa o valor da ordem. Três ordens formam uma classe.

Ordem	4ª	3ª	2ª	1ª
Nome	Unidade de milhar (UM)	Centena (C)	Dezena (D)	Unidade (U)
Quantidade de contas	5	4	7	1
Quantidade representada	5 × 1 000 = 5 000	4 × 100 = 400	7 × 10 = 70	1 × 1 = 1

Basta adicionar as quantidades para descobrir o número representado no ábaco: 5 000 + 400 + 70 + 1 = 5 471.

Para melhor visualizar as classes e as ordens, utilizamos o quadro de ordens. Observe o número 5 471 no quadro de ordens.

2ª CLASSE			1ª CLASSE		
Milhares			Unidades		
6ª ordem	5ª ordem	4ª ordem	3ª ordem	2ª ordem	1ª ordem
Centenas	Dezenas	Unidades	Centenas	Dezenas	Unidades
		5	4	7	1

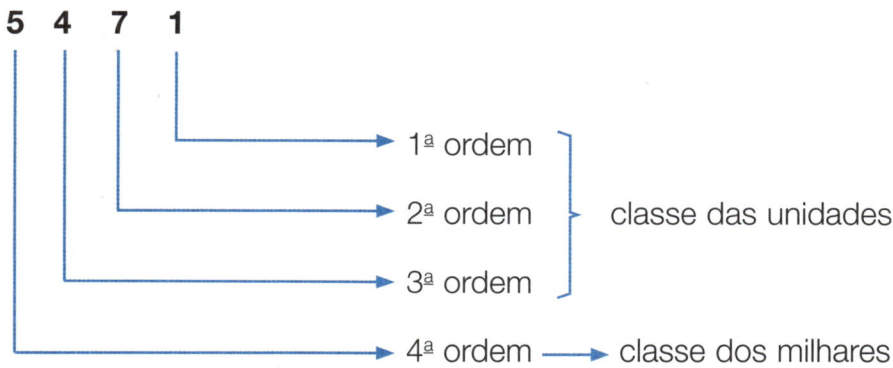

O número 5 471 tem 4 ordens: 5 unidades de milhar, 4 centenas, 7 dezenas e 1 unidade.

ATIVIDADES

1 Escreva a quantidade representada em cada ábaco.

a)

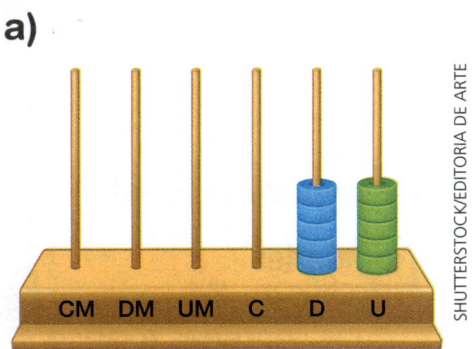

c)

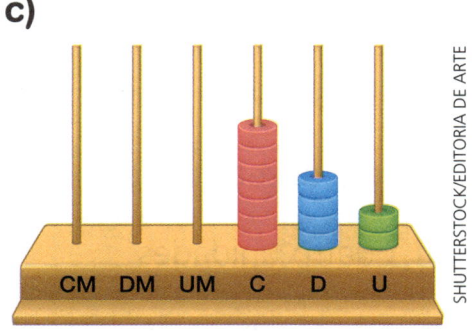

b)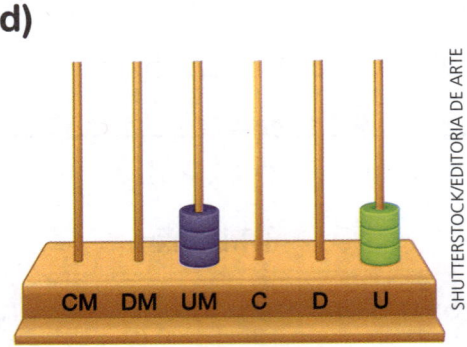

d)

_____   _____

 Qual algarismo devemos usar para indicar a falta de quantidade em uma ordem do ábaco?

2 Converta as quantidades abaixo em unidades e escreva os números encontrados.

a) 15 D e 6 U = _____ U

b) 260 D = _____ U

c) 45 D e 8 U = _____ U

d) 4 UM, 4 C e 4 D = _____ U

e) 32 C = _____ U

f) 2 UM e 23 D = _____ U

g) 7 C e 15 D = _____ U

g) 1 UM e 2 D = _____ U

Agora, escreva esses números em ordem crescente.

_____

_____

3 Leia e escreva o número correspondente.

a) sete dezenas _____

b) quatro unidades _____

c) três centenas _____

d) setenta dezenas _____

e) oito dezenas e sete unidades _____

f) duas centenas e cinco dezenas _____

4 Escreva quantas ordens há em cada número.

263 _____	1 001 _____	9 _____
100 _____	562 _____	4 003 _____
10 _____	999 _____	7 256 _____

5 Observe os números representados no quadro de ordens e complete as frases.

CLASSE DOS MILHARES			CLASSE DAS UNIDADES		
C	D	U	C	D	U
		5	4	9	2
		2	1	8	7

a) O número 5 492 tem _____ ordens e _____ classes.

- O algarismo 2 ocupa a _____ ordem, a das _____.

- O algarismo 9 ocupa a _____ ordem, a das _____.

- O algarismo 4 ocupa a _____ ordem, a das _____.

- O algarismo 5 ocupa a _____ ordem, a das _____.

b) O número 2 187 tem _____ ordens.

- O algarismo 8 ocupa a _____ ordem, a das _____.

- O algarismo 1 ocupa a _____ ordem, a das _____.

- O algarismo 2 ocupa a _____ ordem, a das _____.

33

1. Que número sou eu?
   - Sou maior do que 7 000.
   - Sou menor do que 8 000.
   - Não tenho algarismos repetidos.
   - Não possuo o algarismo 0.
   - Tenho o algarismo 5 na casa da centena.
   - A casa da unidade é formada por um número par menor do que 3.
   - Na dezena tenho um algarismo ímpar maior do que 5.

2. Descubra quem sou eu!
   - Sou um número par.
   - Estou entre os números 4 000 e 6 000.
   - Tanto a casa da dezena como a da centena são formadas por algarismos ímpares.
   - Tenho o algarismo 8 em algum lugar.

   | 4 562 | 2 989 | 5 796 | 5 978 | 2 758 |

3. Agora é sua vez de criar um problema para seu colega solucionar. Dê cinco dicas que o façam descobrir em qual número você pensou. Depois, troque de livro com ele e veja quem descobre antes.
   Boa sorte!

   _____   _____

   _____   _____

   _____   O número é: _____

ÇÃO 4

GEOMETRIA

Sólidos geométricos

Em nosso dia a dia, podemos observar diversas formas nas coisas que estão à nossa volta.

Construções de casas, templos, monumentos, objetos de decoração e até frutas, que fazem parte do nosso cotidiano, têm formas que lembram as dos sólidos geométricos. Veja alguns exemplos.

ABLESTOCK

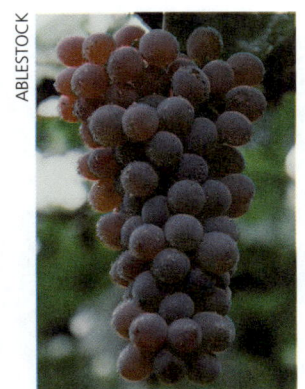

As uvas lembram a forma da esfera.

CHRISTIAN KOBER/GETTY IMAGES

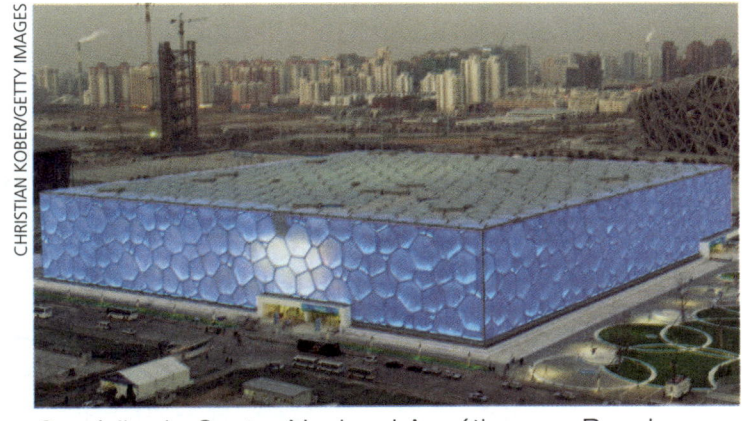

O prédio do Centro Nacional Aquático, em Pequim, lembra a forma do paralelepípedo.

ABLESTOCK

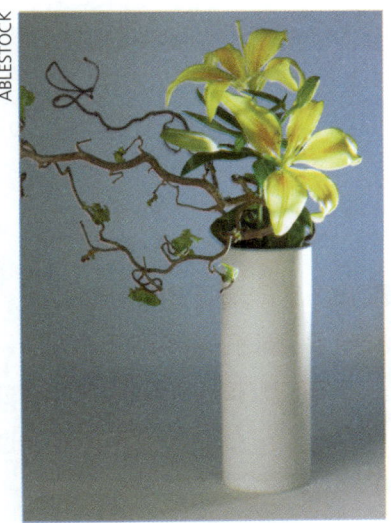

O vaso lembra a forma do cilindro.

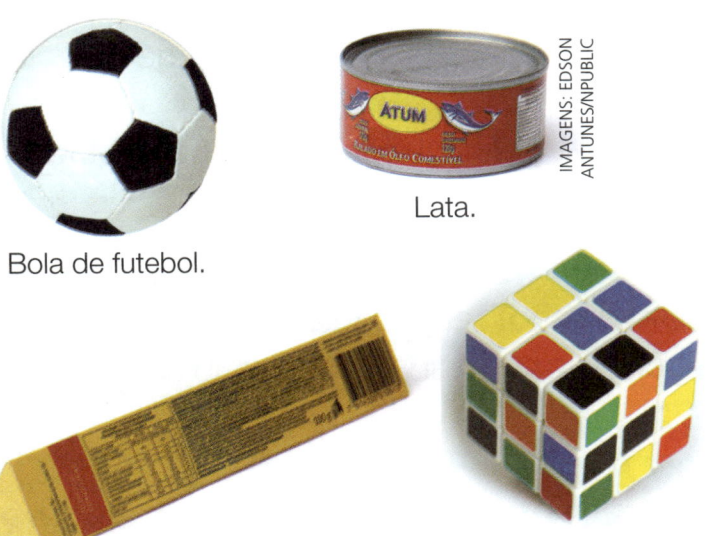

Bola de futebol.

Lata.

IMAGENS: EDSON ANTUNES/NPUBLIC

Caixa de chocolate.

Cubo mágico.

Observe estes sólidos geométricos e seus respectivos nomes.

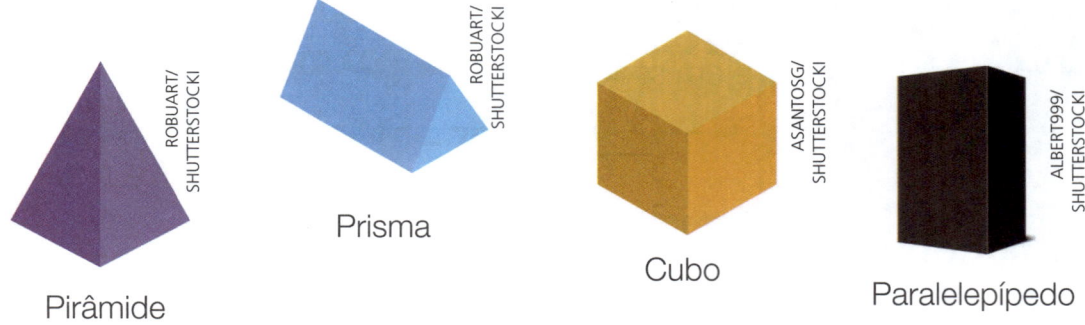

Pirâmide Prisma Cubo Paralelepípedo

> Os sólidos que apresentam apenas **superfícies planas** são chamados **poliedros**.

Veja os elementos dos poliedros:

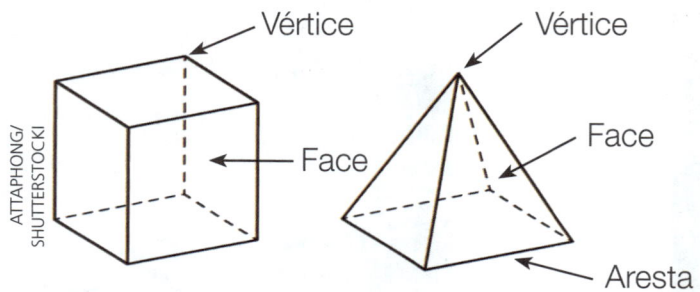

Face – é a superfície plana de um sólido, a mesma coisa que "lado".

Aresta – são as linhas que unem uma face a outra, ou seja, encontro de duas faces.

Vértice – são os pontos de encontro das arestas, as quinas.

Observe estes outros sólidos geométricos.

> Os sólidos que apresentam **superfícies curvas** são chamados **corpos redondos**.

36

- Com qual sólido geométrico os objetos se parecem?

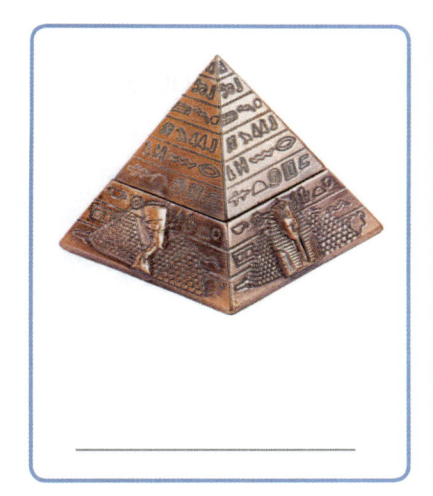

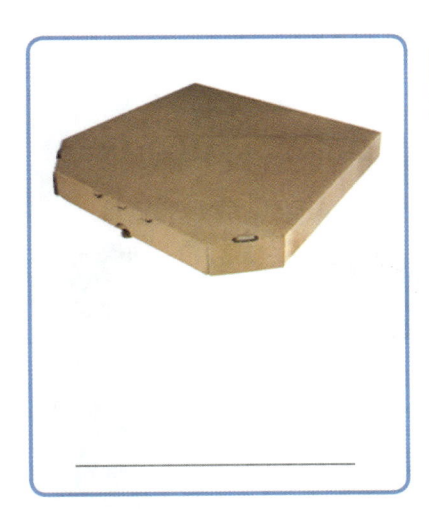

AS IMAGENS NÃO ESTÃO EM PROPORÇÃO ENTRE SI.

ATIVIDADES

1 Pinte de verde os sólidos que têm apenas superfície plana, e de azul os que têm superfícies planas e curvas.

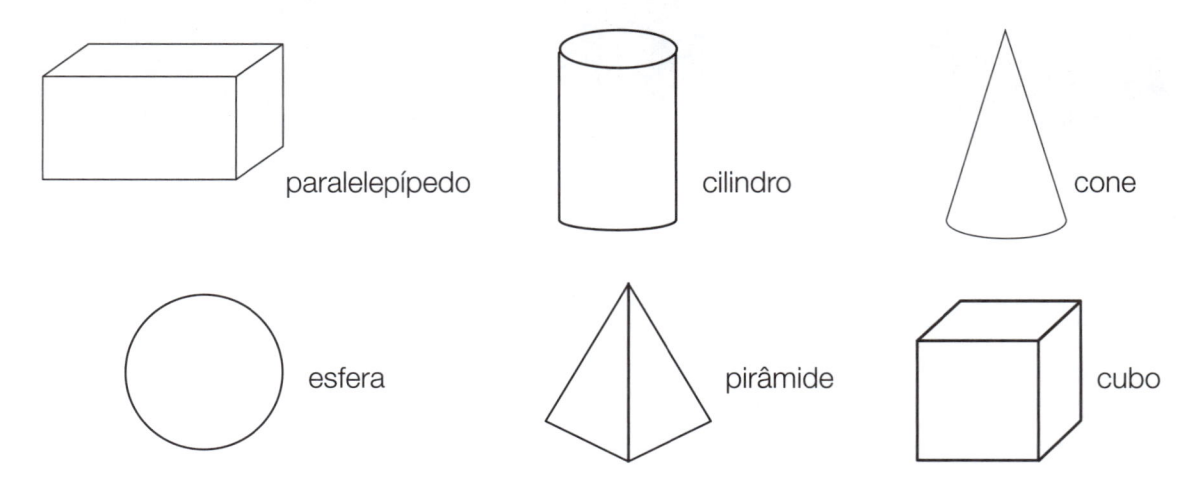

paralelepípedo   cilindro   cone

esfera   pirâmide   cubo

2 Complete a cruzadinha de acordo com as informações dadas.

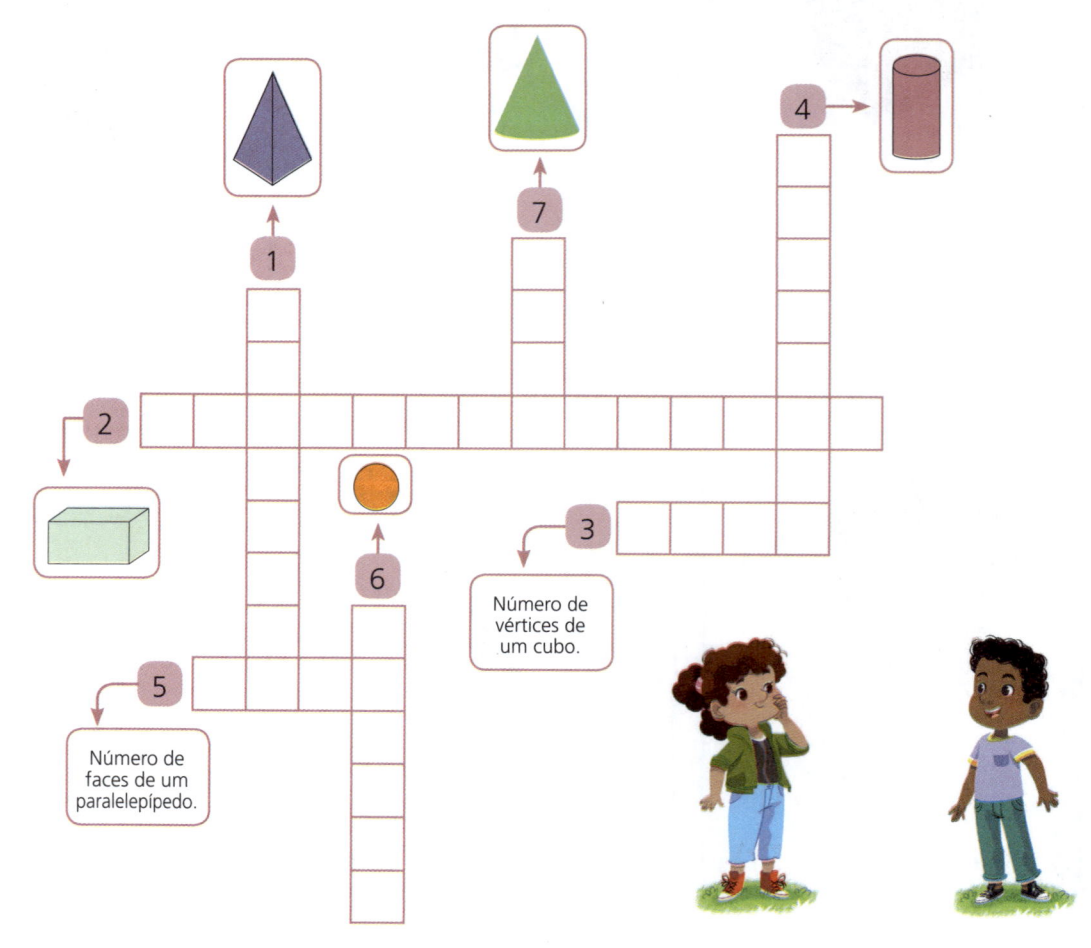

4

7

1

2

3

6

Número de vértices de um cubo.

5

Número de faces de um paralelepípedo.

38

Pirâmide

Observe a representação de uma pirâmide.

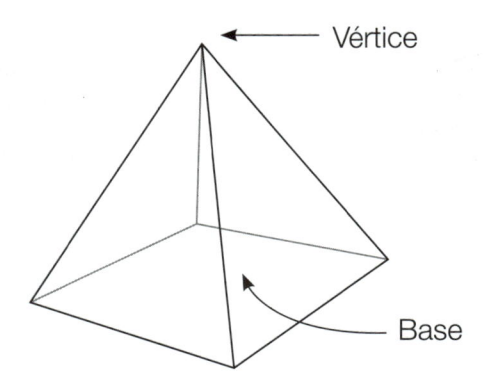

← Vértice

← Base

Essa figura representa uma pirâmide de base quadrada.

a) A pirâmide de base quadrada tem:

_____ vértices   _____ faces   _____ arestas.

Observe sua planificação:

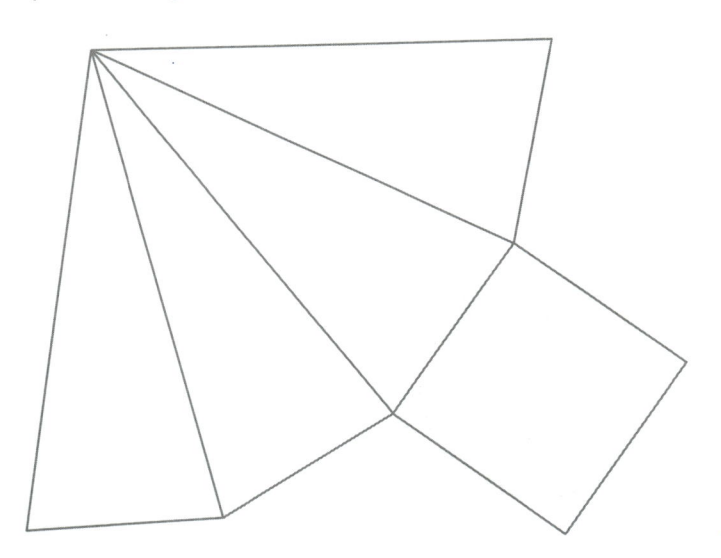

b) Pinte na planificação:

- de vermelho as faces da pirâmide que são triângulos.
- de amarelo a face quadrada.
- Passe um lápis de cor azul nas arestas dessa pirâmide.

Corpos redondos

Observe os corpos redondos.

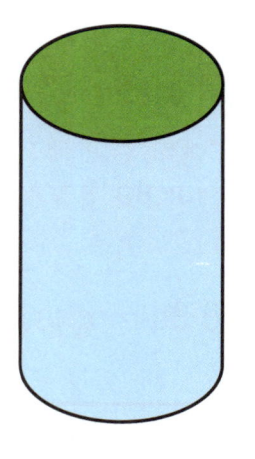

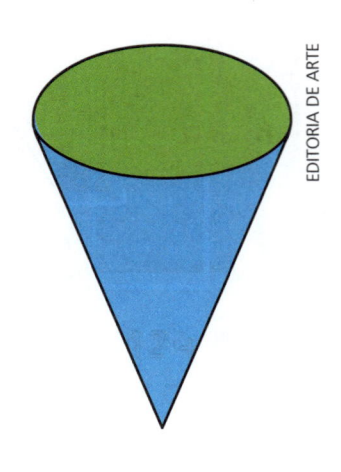

_____   _____

a) Escreva o nome de cada um deles.

b) A parte em verde lembra qual figura geométrica plana?

_____

c) Observe cada uma das planificações a seguir. Escreva a qual corpo redondo ela pertence.

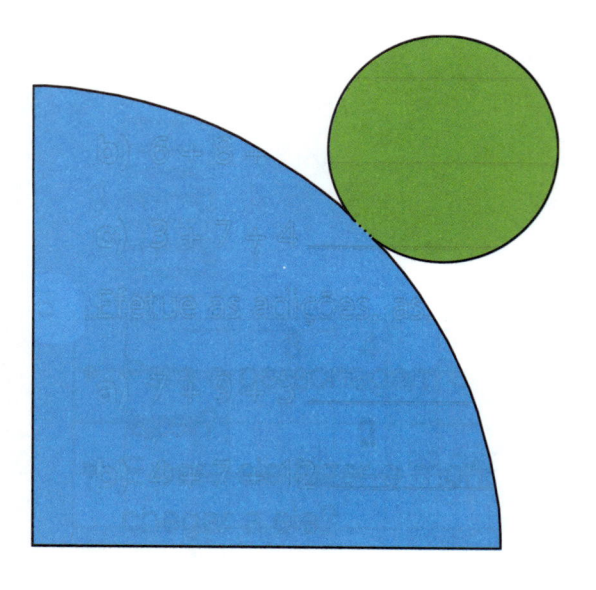

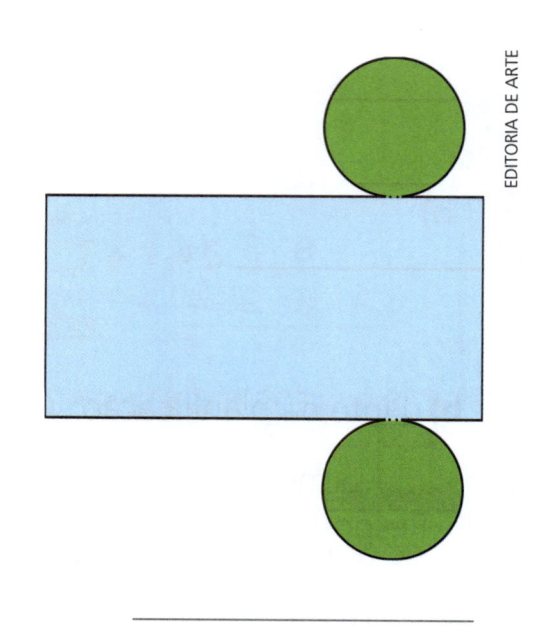

_____   _____

Sólidos geométricos e planificações
Paralelepípedo

Observe o sólido e sua planificação.

Paralelepípedo planificado

Planificação

Vértice

Aresta

Face

Paralelepípedo

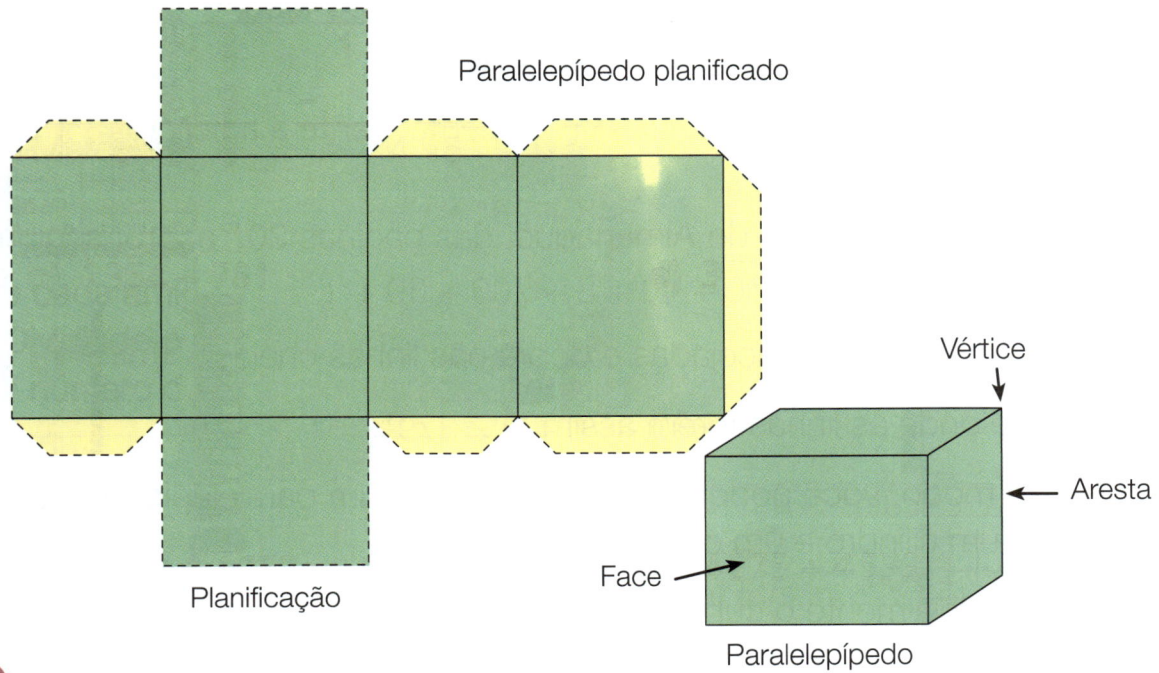

1 Responda.

a) Quais objetos do nosso dia a dia se parecem com um paralelepípedo?

b) Complete.

• Uma aresta é o encontro de duas _____

• Um vértice é o encontro de duas _____

• Um paralelepípedo tem ___ faces, ___ vértices e ___ arestas.

2 Escreva os nomes de três objetos que se parecem com as figuras dos sólidos.

a) _____

b) _____

c) _____

41

Vamos montar sólidos geométricos?

Para montar os volumes que representam sólidos geométricos, você vai precisar de:

- tesoura sem ponta.
- cola.

Instruções

1. Recorte os moldes do Almanaque, das páginas 207 a 215, seguindo as instruções.

Recorte nas linhas tracejadas e dobre nas linhas cheias.

2. Cole onde as linhas forem assim .

Desse modo, você poderá montar um cubo, um paralelepípedo, uma pirâmide, um cilindro e um cone.

Monte inicialmente o cubo.

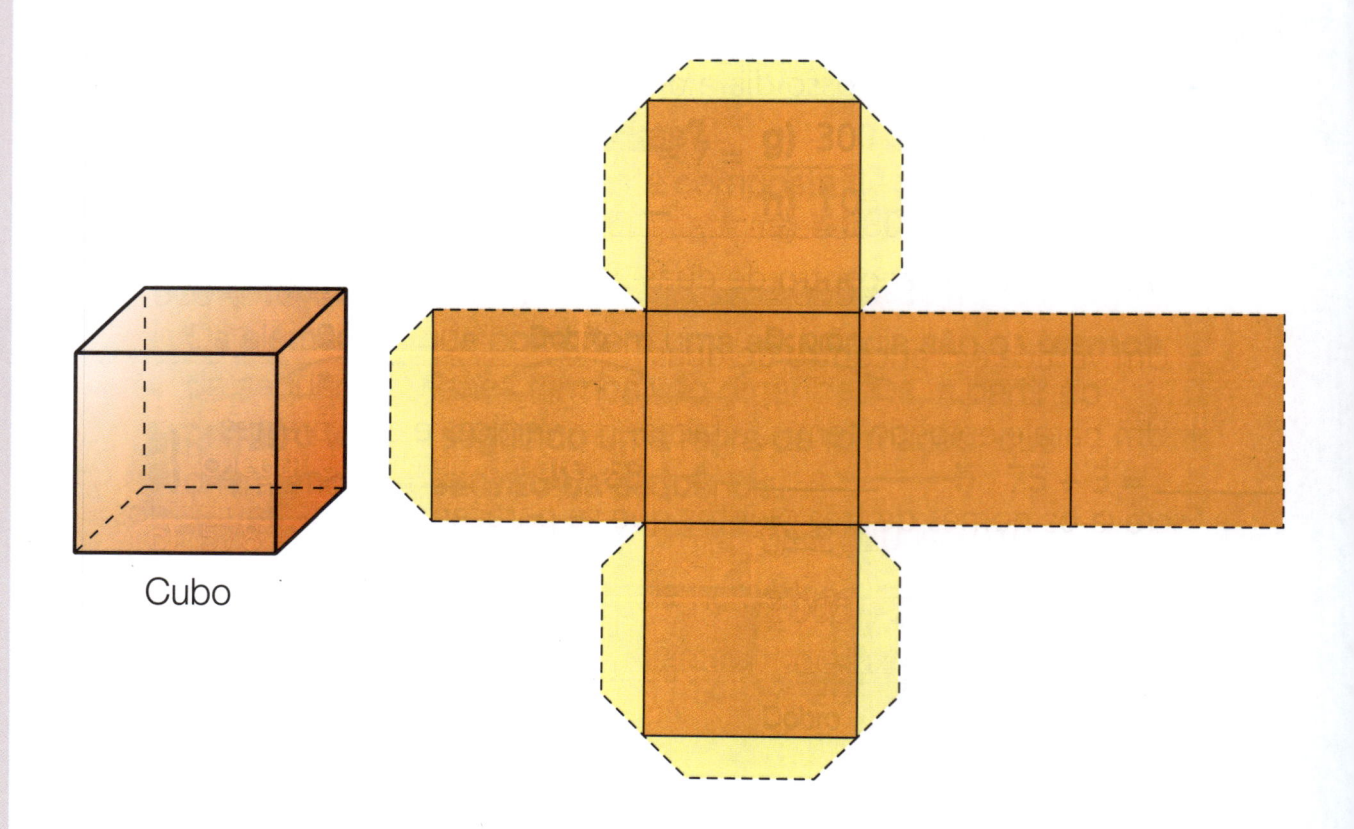

Cubo

5 COMPARAÇÃO E ORDENAÇÃO DE NÚMEROS NATURAIS

Observe alguns animais no zoológico.

Há 5 macacos e 2 leões. A quantidade de macacos é maior do que a quantidade de leões.

Usamos o símbolo **>** para indicar que um número é **maior** do que outro.
Exemplo: 5 > 2 (cinco é maior do que dois).

No mesmo zoológico há 3 girafas e 7 araras. A quantidade de girafas é menor do que a quantidade de araras.

Usamos o símbolo **<** para indicar que um número é **menor** do que outro.
Exemplo: 3 < 7 (três é menor do que sete).

Ordem crescente e ordem decrescente

A ordem **crescente** representa uma sequência que vai do menor para o maior. Já a ordem **decrescente** representa uma sequência que vai do maior para o menor.

Fila indiana em ordem crescente.

Fila indiana em ordem decrescente.

Observe a reta numérica.

Ordem crescente: do menor para o maior

0 1 2 3 4 5 6 7 8 9 10 11 12

Ordem decrescente: do maior para o menor

ATIVIDADES

1 Coloque corretamente os sinais **>** ou **<**.

a) 15 _____ 67

b) 20 _____ 5

c) 100 _____ 500

d) 1 300 _____ 980

2 Escreva os números em ordem crescente, empregando o sinal **<** (menor do que).

132   114   2 105   128   1 350   97   43   50   1 530

3 Escreva os números em ordem decrescente, empregando o sinal **>** (maior do que).

117   3 020   115   66   3 002   42   58   2 003   84

_____

4 Complete a linha numerada.

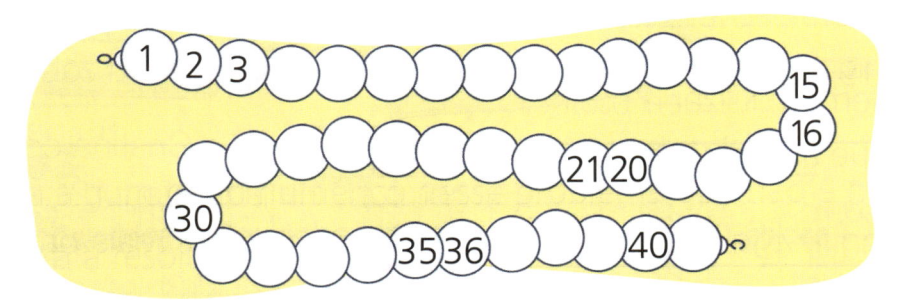

Você completou a linha numerada colocando os números em ordem crescente ou decrescente? _____

5 Complete os quadros colocando os números na ordem crescente ou na ordem decrescente. Use os números em destaque.

a)   112   124   125   114

| 110 | | | 120 | | | 130 |

Os números estão na ordem _____

b)   276   264   272   266

| | | 270 | | | 250 |

Os números estão na ordem _____

45

6 Complete com < ou >.

a) 15 – 4 ☐ 25 – 8   c) 33 – 3 ☐ 22 – 2

b) 8 + 10 ☐ 20 – 5   d) 9 + 40 ☐ 50 – 5

7 Complete as expressões observando os sinais.

a) 39 > ☐ > 37   d) 134 < ☐ < 136

b) 77 > ☐ > 75   e) 68 < ☐ < 70

c) 119 < ☐ < 121   f) 85 > ☐ > 83

8 Continue as sequências.

a) | 500 | 499 | 498 | | | | | | | |

b) | 650 | | | 647 | | | 644 | | 642 | |

c) | 1 315 | | 1 115 | 1 015 | | | | | | |

d) | | | 3 307 | 3 207 | 3 107 | | | | | |

9 As fichas abaixo serão colocadas nas gavetas coloridas. Pinte cada ficha com a cor que ela deve ocupar em cada gaveta.

Números de 0 a 99   Números de 100 a 999   Números de 1 000 a 1 999

899   89   809   890   1 899   1 809

90   800   909   1 009   908

9   98   889   1 999   999

46

Antecessor e sucessor

Observe a sequência numérica com números naturais:

0 1 2 3 4 5

Dizemos que o número 4 é o **sucessor** do número 3.
Dizemos que o número 4 é o **antecessor** do número 5.

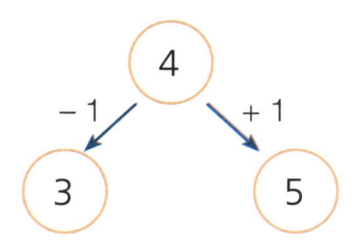

ATIVIDADES

1 Complete com o antecessor e o sucessor de cada número natural.

| | 19 | | | | 31 | | | | 999 | |
| | 50 | | | | 99 | | | | 28 | |

2 Complete o quadro conforme o exemplo.

3224	3225	3226
	1400	
	2350	
	1000	
	4512	
	4689	

Reta numérica e ordenação de números

Alguns números foram representados na reta numérica. Observe.

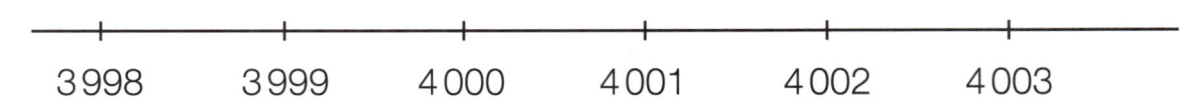

3998   3999   4000   4001   4002   4003

- Qual é maior: 3998 ou 3999? _____
- Qual é menor: 3999 ou 4000? _____

ATIVIDADES

1 Observe a reta numérica.

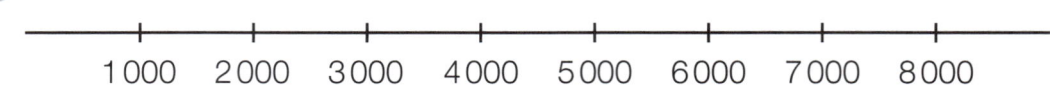

1000 2000 3000 4000 5000 6000 7000 8000

Agora, coloque corretamente os sinais > (maior) ou < (menor).

a) 4050 ☐ 5050
b) 7500 ☐ 5700
c) 4400 ☐ 3800
d) 4800 ☐ 8000

2 Observe a reta numérica.

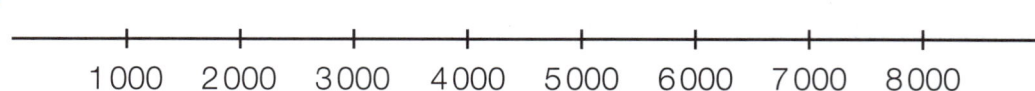

1000 2000 3000 4000 5000 6000 7000 8000

Localize nela os seguintes números:

2500   6500   7500   1500

3 Pense na reta numérica e escreva estes números em ordem decrescente.

4009   5500   7900   2800   1900   6700

PARA SE DIVERTIR

Descubra quantas vezes a sequência numérica 1 3 4 1 se repete no quadro abaixo.

1	2	5	2	1	5	2	3	1	2	6	3
0	2	5	1	1	2	5	2	2	3	5	4
0	1	2	6	1	0	1	5	1	2	5	2
1	1	3	4	1	1	3	5	1	2	1	0
2	1	0	1	2	5	2	0	1	1	5	1
1	3	5	1	0	3	1	2	5	2	1	5
2	1	2	5	2	1	3	4	1	0	1	2
1	1	5	1	3	4	1	1	2	1	5	3
2	1	5	2	4	2	5	2	1	3	4	1
0	2	5	1	3	1	2	5	2	1	2	3
4	1	2	5	2	4	7	3	1	3	4	1
3	7	5	1	7	1	2	6	1	0	2	5

49

INFORMAÇÃO E ESTATÍSTICA

1 Analise o gráfico e responda às questões.

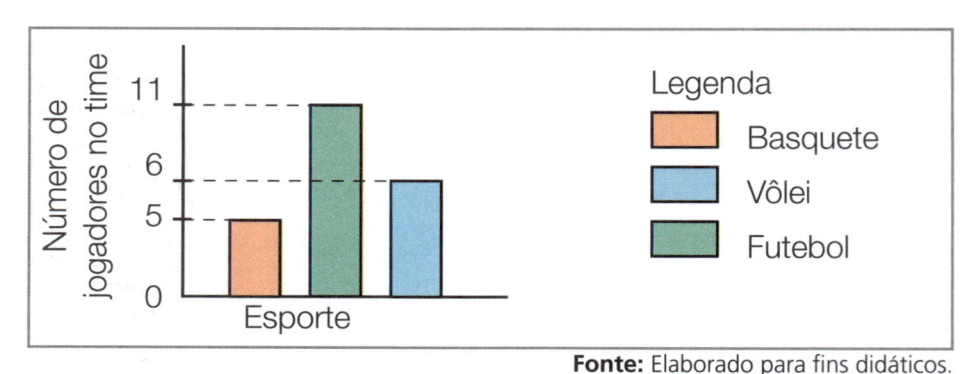

Legenda:
- Basquete
- Vôlei
- Futebol

Fonte: Elaborado para fins didáticos.

a) Em qual desses esportes há menos jogadores por time?

_____

b) Quantos jogadores um time de vôlei tem a menos do que um time de futebol?

_____

2 Na escola de Diana há duas turmas de 3º ano: **A** e **B**. Veja a distribuição dos alunos e, analisando o gráfico, complete o quadro.

Responda:

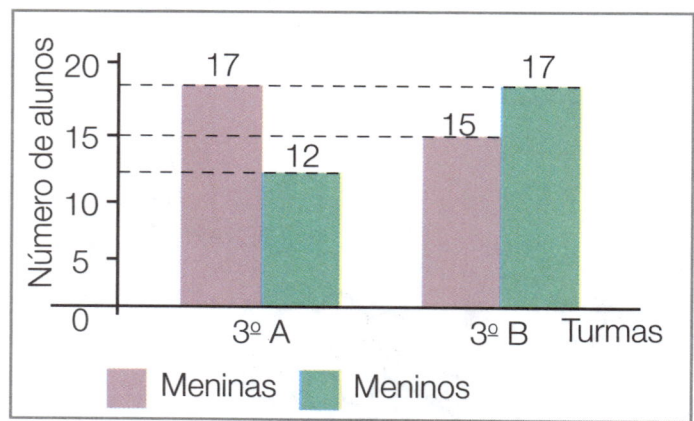

	3º A	3º B
Meninas		
Meninos		
Total		

Fonte: Elaborado para fins didáticos.

a) Há mais alunos no 3º A ou no 3º B? _____ Quantos a mais? _____

b) Quantos alunos de 3º ano há na escola de Diana? _____

6 ADIÇÃO COM NÚMEROS NATURAIS

Ideias básicas da adição

As ideias básicas da adição são: juntar, reunir e acrescentar.

Juntar: 5 + 3 = 8

Reunir: 7 + 4 = 11

Acrescentar: 3 + 6 = 9

Pela manhã, uma padaria produz a seguinte quantidade de pães:

Horário	5 h	6 h	7 h	8 h
Pães produzidos	150	250	300	120

Quantos pães a padaria produz até as 8 horas da manhã?

Para responder a essa questão, juntamos quantidades. Todas as vezes que, ao resolver uma situação, juntamos quantidades, usamos a operação de **adição**.

A **adição** está associada às ideias de **juntar**, **reunir** e **acrescentar**.

51

Propriedades da adição

Observe alguns conceitos importantes que envolvem a operação de adição.

Fechamento

- Veja esta adição.

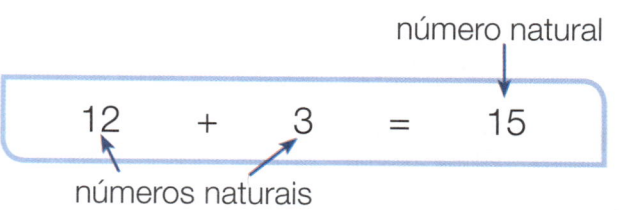

```
                  número natural
                       ↓
        12  +  3  =  15
        ↑       ↑
     números naturais
```

> A soma de dois ou mais números naturais é um número natural. Em Matemática, isso é chamado de propriedade do **fechamento** da adição.

- Pense em um número natural qualquer.
  Adicione 34 a esse número.
  Qual é o resultado?
  Esse resultado também é um número natural.

```
    1 9 0  ←
  +   5 0  ←——— parcelas ou termos da adição
  -------
    2 4 0  ←——— soma ou total (resultado da adição)
```

Comutativa

- Verifique o que acontece quando invertemos a ordem das parcelas.

```
    2 6          5 2
  + 5 2        + 2 6
  -----        -----
    7 8          7 8
```

```
    2 2 4           3 0
      3 0         1 4 2
  + 1 4 2       + 2 2 4
  -------       -------
    3 9 6         3 9 6
```

Observe.

| 26 + 52 = 52 + 26 |
| 78   =   78 |

| 224 + 30 + 142 = 30 + 142 + 224 |
| 396   =   396 |

Trocando-se a ordem das parcelas de uma adição, a soma não se altera. Em Matemática, isso é chamado de propriedade **comutativa** da adição.

Associativa

- Veja o que acontece quando associamos as parcelas de modos diferentes.

$$\underbrace{\underbrace{40 + 30}_{70} + 90}_{160} = \underbrace{40 + \underbrace{30 + 90}_{120}}_{160}$$

$$(40 + 30) + 90 = 40 + (30 + 90) = 160$$

Associando-se as parcelas de uma adição de modos diferentes, a soma não se altera. Em Matemática, isso é chamado de propriedade **associativa** da adição.

Elemento neutro

- Agora, vamos adicionar 0 (zero) a um número natural.

$$138 + 0 = 138 \quad \text{ou} \quad 0 + 138 = 138$$

$$25 + 0 = 25 \quad \text{ou} \quad 0 + 25 = 25$$

Adicionando-se 0 a qualquer número natural, o resultado é sempre o próprio número natural. Em Matemática, isso é chamado de **elemento neutro**.
O zero (0) é o **elemento neutro** da adição.

Verificação da adição

Preste atenção nas operações efetuadas a seguir.

$$\begin{array}{r} 6\ 7 \\ +\ 2\ 1 \\ \hline 8\ 8 \end{array} \qquad \begin{array}{r} 8\ 8 \\ -\ 6\ 7 \\ \hline 2\ 1 \end{array}$$

> Subtraindo do total uma das parcelas, encontra-se a outra parcela. A adição e a subtração são **operações inversas**.

Observe agora estas três operações.

$$\begin{array}{r} 3\ 2 \\ 4\ 7 \\ +\ 5\ 0 \\ \hline 1\ 2\ 9 \end{array} \qquad \begin{array}{r} 3\ 2 \\ +\ 4\ 7 \\ \hline 7\ 9 \end{array} \qquad \begin{array}{r} 1\ 2\ 9 \\ -\ \ \ 7\ 9 \\ \hline 5\ 0 \end{array}$$

> Em uma adição de três ou mais parcelas, quando separamos uma delas e retiramos do total a soma das demais parcelas, a parcela separada aparece como resultado.

Esse processo permite conferir se a conta está correta ou não. Observe o procedimento.

$$\begin{array}{r} 7\ 2 \\ 1\ 2 \\ +\ \ \ 5 \\ \hline 8\ 9 \end{array} \qquad \begin{array}{r} 1\ 2 \\ +\ \ \ 5 \\ \hline 1\ 7 \end{array} \qquad \begin{array}{r} 8\ 9 \\ -\ 1\ 7 \\ \hline 7\ 2 \end{array}$$

- Separar uma parcela. Exemplo: 72.
- Adicionar as parcelas restantes: 12 + 5.
- Subtrair do total (89) a soma de duas parcelas (17). Você vai obter a parcela separada: 89 − 17 = 72.

ATIVIDADES

1 Escreva uma adição que exemplifique cada afirmação.

a) A soma de dois ou mais números naturais é sempre um número natural.

_____

b) Trocando-se a ordem das parcelas de uma adição, a soma não se altera.

_____

c) Associando-se as parcelas de uma adição de modos diferentes, o resultado não se altera.

_____

d) Adicionando-se zero a qualquer número natural, o resultado é sempre o próprio número natural.

_____

- Como você fez para resolver as atividades?
- Sua resposta foi diferente das respostas dadas pelos colegas? Por quê?

2 Efetue as operações e encontre os resultados.

a)
```
    3 7 5
+   2 4 9
---------
```

b)
```
    8 3 6
+   5 9 4
---------
```

c)
```
    5 2 1
    1 7 6
+     9 9
---------
```

d)
```
  1 4 2 6
  2 6 5 5
+   8 7 1
---------
```

e)
```
  5 7 2 0
  2 0 9 6
+ 1 5 8 5
---------
```

f)
```
  2 7 6 9
  1 6 3 0
+   6 5 6
---------
```

g)
```
  2 3 2 8
  4 5 6 0
+   7 0 7
---------
```

h)
```
  4 0 0 9
  1 7 0 4
+     1 2
---------
```

i)
```
  1 0 0 1
      1 9
+   9 8 0
---------
```

3 Efetue as adições, aplicando a propriedade associativa da adição. Veja o exemplo.

$$19 + 17 + 15$$
$$(19 + 17) + 15 = 19 + (17 + 15)$$
$$36 + 15 = 19 + 32$$
$$51 = 51$$

a) 23 + 14 + 9

_____

_____

b) 18 + 7 + 9

_____

_____

c) 16 + 8 + 10

_____

_____

d) 35 + 12 + 26

_____

_____

e) 24 + 6 + 4

_____

_____

f) 3 + 15 + 5

_____

_____

4 Reescreva as adições usando a propriedade comutativa da adição.

a) 9 + 5 + 2 _____

b) 6 + 8 + 1 _____

c) 3 + 7 + 4 _____

d) 1 + 6 + 3 _____

e) 4 + 3 + 9 _____

f) 7 + 1 + 5 _____

5 Efetue as adições, associando suas parcelas.

a) 7 + 9 + 3 _____

b) 4 + 7 + 12 _____

c) 15 + 5 + 10 _____

d) 24 + 6 + 8 _____

e) 10 + 12 + 3 _____

f) 18 + 19 + 4 _____

6 Efetue as adições e verifique se o resultado está correto. Observe o exemplo.

a) 869 + 459

```
    8 6 9        1 3 2 8
+   4 5 9    −     8 6 9
  1 3 2 8          4 5 9
```

b) 1 354 + 781

c) 1 849 + 4 653

d) 731 + 2 406

e) 3 720 + 86

f) 4 275 + 4 539

7 Efetue as adições.

a)

C	D	U
5	0	9
2	5	6

(+)

b)

UM	C	D	U
	3	8	7
	4	0	8
	7	3	4

(+)

c)

UM	C	D	U
7	1	8	4
	5	2	4

(+)

d)

UM	C	D	U
5	3	8	7
3	4	0	8
	7	3	4

(+)

e)

UM	C	D	U
4	9	6	1
3	0	6	9

(+)

f)

UM	C	D	U
3	4	8	0
2	6	0	5
1	3	6	7

(+)

8 Calcule mentalmente quanto falta para completar 100.

a) 50 + _____ = 100

b) 70 + _____ = 100

c) 10 + _____ = 100

d) 40 + _____ = 100

9 Veja como Pâmela fez para calcular mentalmente a adição 648 + 231:

648 + 231

600 + 40 + 8 + 200 + 30 + 1

800 + 70 + 9 = 879

Agora, calcule:

a) 502 + 204

500 + 2 + 200 + 4

b) 610 + 280

600 + 10 + 200 + 80

c) 578 + 320

500 + 70 + 8 + 300 + 20

d) 426 + 353

400 + 20 + 6 + 300 + 50 + 3

e) 4 080 + 1 080

4 000 + 80 + 1 000 + 80

f) 2 020 + 3 010

2 000 + 20 + 3 000 + 10

PROBLEMAS

1 Na cantina da escola, há 1 448 garrafas de suco de laranja, 965 garrafas de suco de caju e 1 050 garrafas de suco de pêssego. Quantas garrafas há ao todo?

Resposta: _____

2 Papai comprou 3 livros de uma coleção. O 1º volume tem 360 páginas, o 2º tem 128 páginas a mais do que o 1º, e o 3º volume tem 64 páginas a mais do que o 2º. Qual é o número de páginas de cada volume?

Resposta: _____

3 Um farmacêutico vendeu 282 caixas de remédio pela manhã e 198 à tarde. Quantas caixas de remédio ele vendeu nesse dia?

Resposta: _____

4 Ana Paula ganhou uma caixa de chocolate. Já comeu 8 e ainda há 48 chocolates na caixa. Quantos chocolates havia na caixa?

Resposta: _____

5 O professor de Carlos e de Catarina pediu a eles que resolvessem o seguinte problema:

Em um dia foram plantados na fazenda de Orlando 3 215 pés de café. No dia seguinte foram plantados 2 162 pés de café. Quantos pés de café foram plantados ao todo?

Veja como cada um resolveu:

Carlos resolveu esse problema utilizando o quadro de ordens. Veja:

	UM	C	D	U
	3	2	1	5
+	2	1	6	2
	5	3	7	7

Catarina resolveu esse problema decompondo os valores e depois somando. Veja:

3 215 + 2 162

3 000 + 200 + 10 + 5 + 2 000 + 100 + 60 + 2

5 000 + 300 + 70 + 7

5 377

Agora é sua vez! Resolva os problemas a seguir da maneira que preferir.

a) Uma fábrica de roupas produziu em uma semana 1 785 peças de roupas. Na semana seguinte ela produziu mais 2 114 peças. Quantas peças de roupa foram produzidas nessa fábrica durante essas duas semanas?

b) Uma piscina estava parcialmente cheia com 6 650 litros de água. Para terminar de encher essa piscina são necessários mais 3 250 litros de água. Quantos litros de água cabem nessa piscina?

EU GOSTO DE APRENDER MAIS

1 Leia abaixo um problema sobre a festa de aniversário de Aline.

> A festa do meu aniversário será no sábado às 17 h. Para a festa, minha mãe fez 6 centenas de coxinhas, 5 centenas e meia de empadas e 348 pastéis. Quantos salgadinhos minha mãe fez?

a) Leia o problema quantas vezes for necessário. Escreva a seguir os dados numéricos que aparecem no texto do problema.

_____

b) Há algum dado numérico nesse problema que não é necessário para a resolução? Qual? _____

c) Qual ideia está envolvida nesse problema? Marque com um **X**.
( ) Ideia de separar ( ) Ideia de juntar ( ) Ideia de acrescentar

d) Que operação está relacionada a essa ideia? _____

e) Resolva o problema.

Resolução:

Resposta: _____

2 Crie os dados que faltam e complete o texto do problema a seguir.

> A festa de Théo vai durar _____ horas. Para a festa, ele convidou _____ amigos do bairro, _____ amigos da escola e _____ amigos do clube. Quantos amigos ele convidou?

- Troque de problema com um colega e resolva o problema dele.

LIÇÃO 7
SUBTRAÇÃO COM NÚMEROS NATURAIS

Ideias básicas da subtração

As ideias básicas da subtração são: tirar, completar e comparar. Observe os exemplos.

Dos 25 reais que Cristina conseguiu economizar, ela já gastou 12.
Sobraram quantos reais para Cristina?
Tirar: 25 – 12 = 13

Resposta: Sobraram 13 reais para Cristina.

A família de dona Isaura gosta de comer ovos. Na cartela, é possível guardar 30 ovos e há apenas 17 ovos. Quantos ovos faltam para completar a cartela?
Completar: 30 – 17 = 13

Resposta: Faltam 13 ovos para completar a cartela.

Pedro, pai de Gustavo, tem 32 anos, e Gustavo tem 9 anos. Quantos anos Pedro tem a mais do que Gustavo?
Comparar: 32 – 9 = 23

Resposta: Pedro tem 23 anos a mais do que Gustavo.

Verificação da subtração

Veja:

```
  5  ← minuendo           2
- 3  ← subtraendo       + 3
  2  ← resto ou diferença 5
```

O sinal da subtração é – .

Observe este outro exemplo:

```
  2 5 8            1 2 4
- 1 2 4          + 1 3 4
  1 3 4            2 5 8
```

- O que você pôde verificar nas operações acima?

> Adicionando-se o resto ao subtraendo, obtém-se o minuendo.

Algumas conclusões sobre a subtração

```
  2 7    −2     2 5
- 1 5    −2   - 1 3
  1 2           1 2
```
> Subtraindo-se o mesmo número do minuendo e do subtraendo, o resto não se altera.

```
  2 7    +2     2 9
- 1 5    +2   - 1 7
  1 2           1 2
```
> Adicionando-se o mesmo número ao minuendo e ao subtraendo, o resto não se altera.

Subtração por reagrupamento

A distância entre Sinop–MT e Campinas–SP é de 1 926 quilômetros. Uma família percorreu o trajeto da seguinte maneira: no primeiro dia, percorreu 780 quilômetros e, no segundo dia, 868 quilômetros.

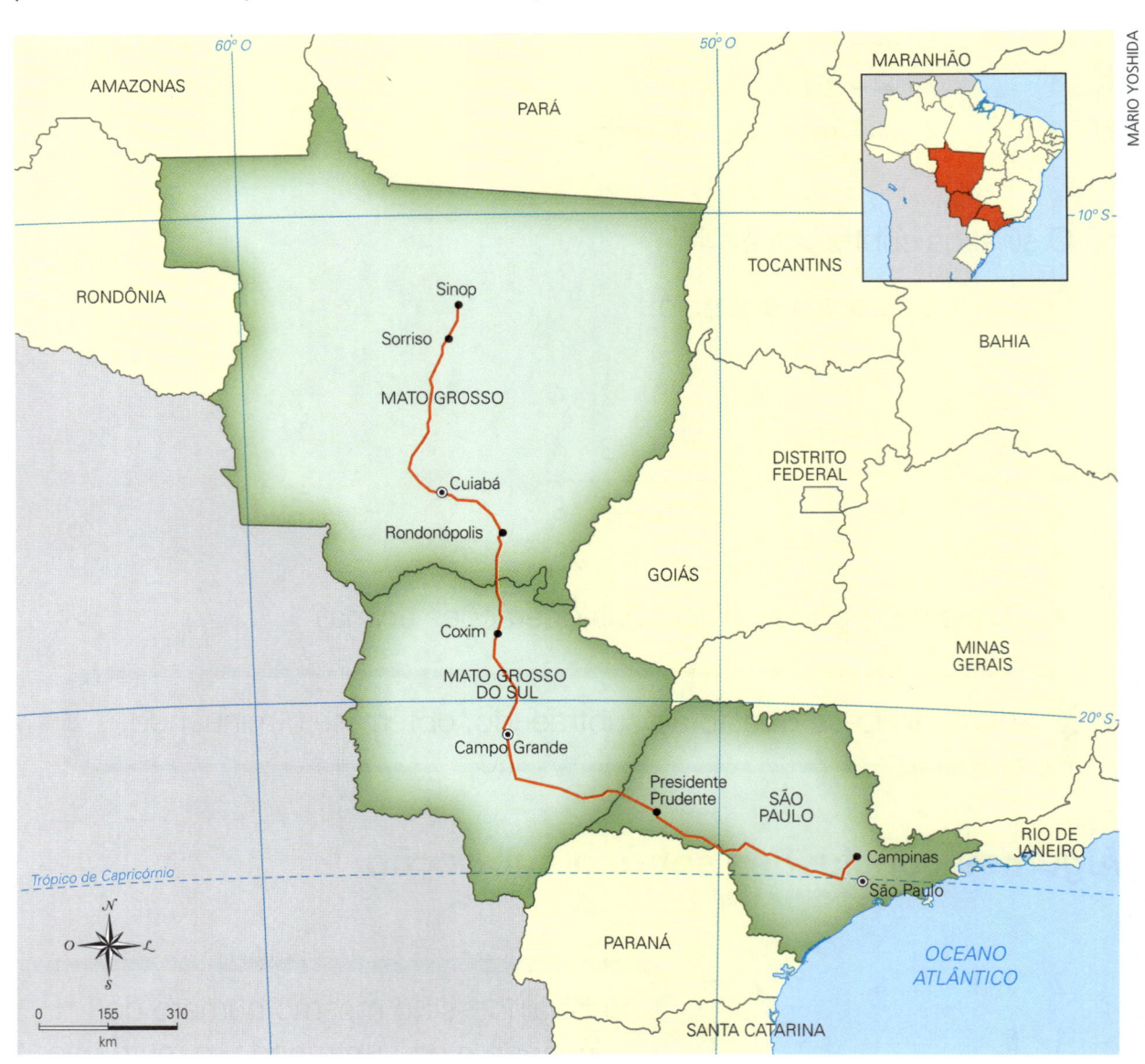

Quantos quilômetros ainda faltam para essa família chegar ao seu destino? Para responder, podemos pensar nas seguintes questões:

- Qual é o total de quilômetros a serem percorridos? _____

- Qual é o total de quilômetros já percorridos? _____

- Quantos quilômetros ainda faltam percorrer? _____

Vamos fazer esses cálculos com Material Dourado.
780 + 868

- Total de quilômetros percorridos:

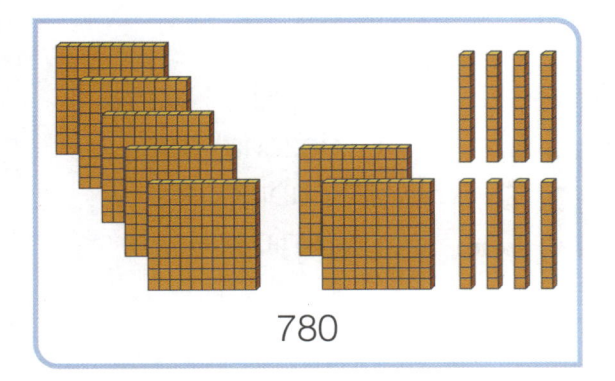

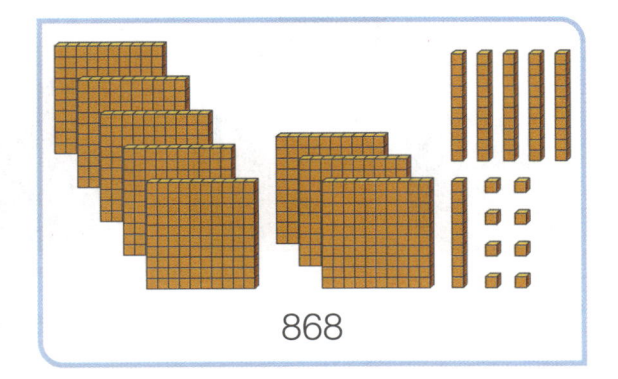

780

868

Juntando:

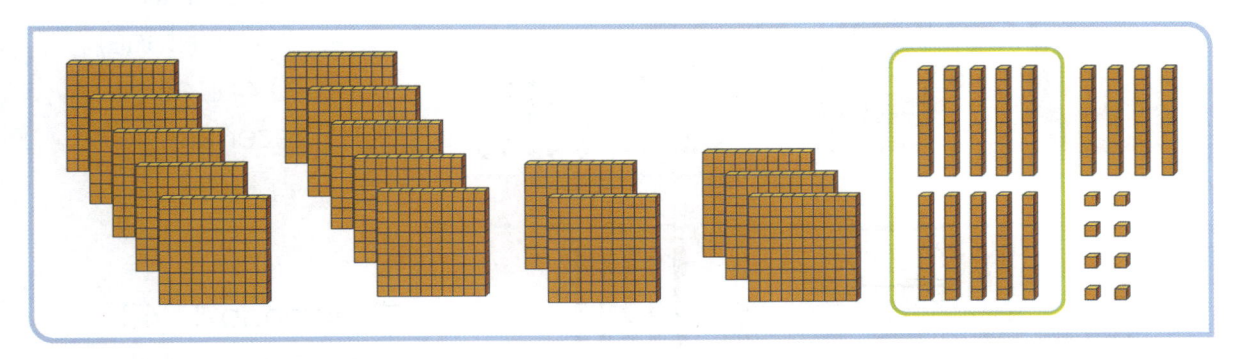

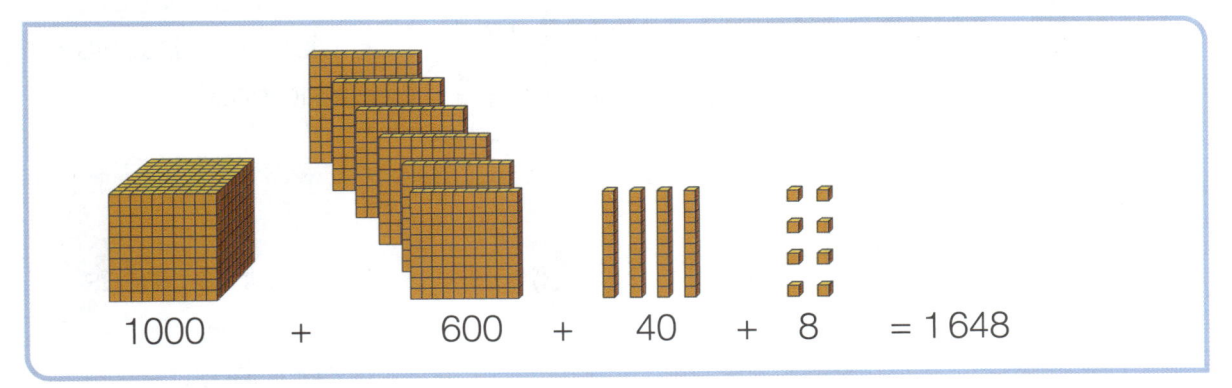

1000 + 600 + 40 + 8 = 1 648

Representando no quadro de ordens, temos:

UM	C	D	U
	¹7	8	0
+	8	6	8
1	6	4	8

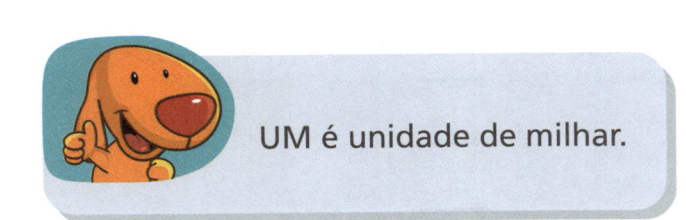

UM é unidade de milhar.

65

Agora, vamos fazer este cálculo:
1926 − 1648
- Quilômetros que faltam percorrer:

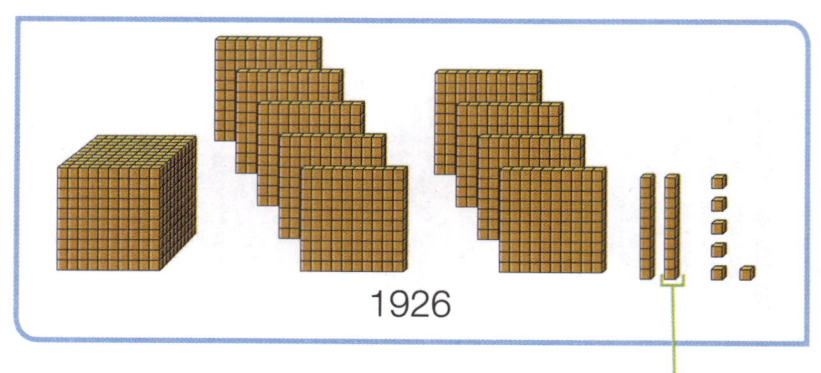

1926

Trocando 1 barra (1 dezena) por 10 cubinhos (10 unidades).

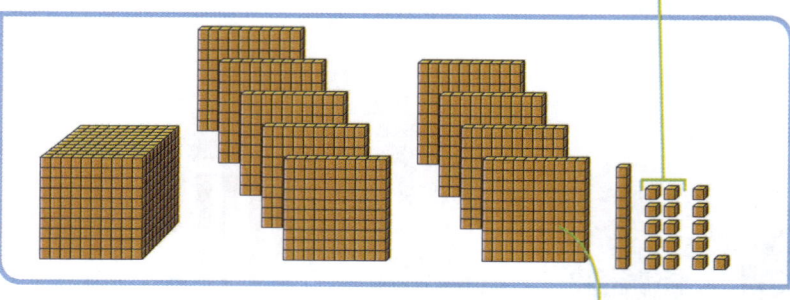

Trocando uma placa (1 centena) por 10 barras (10 dezenas).

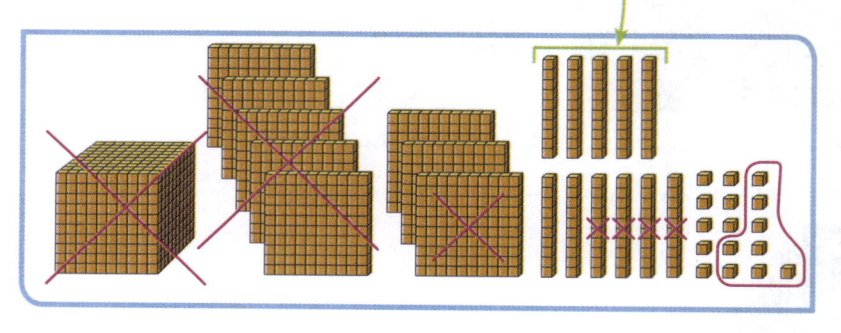

Retirando 1648, ou seja: um cubo, 6 placas, 4 barras e 8 cubinhos.

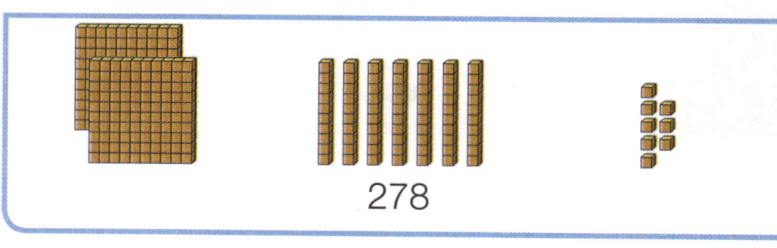

278

Ficaram: 2 placas, 7 barras e 8 cubinhos.

Representando no quadro de ordens:

	UM	C	D	U
−	1	⁸9̶	¹²2̶ ¹¹	¹⁶6̶
	1	6	4	8
	0	2	7	8

66

ATIVIDADES

1 Efetue as subtrações e em seguida faça a verificação. Observe o exemplo.

```
   5 6        3 3
 - 2 3      + 2 3
   3 3        5 6
```

a) 8 793 – 7 214

b) 5 232 – 1 635

c) 2 934 – 243

d) 9 899 – 1 010

e) 3 500 – 872

f) 9 218 – 8 674

g) 2 000 – 872

h) 8 792 – 6 873

i) 8 864 – 6 516

j) 7 894 – 1 325

2 Para determinar os resultados a seguir, utilize cálculo mental.

a) 10 – 9 = _____   b) 9 – 7 = _____   c) 300 – 200 = _____

100 – 90 = _____   90 – 70 = _____   3 000 – 2 000 = _____

3 Escreva o número que é 100 unidades menor do que cada número a seguir. Calcule mentalmente.

a) 200 → _____   c) 3 400 → _____

b) 1 000 → _____   d) 9 900 → _____

4 Escreva um número que é 1 000 unidades menor do que os números a seguir. Calcule mentalmente.

a) 1 078 → _____   c) 5 004 → _____

b) 2 374 → _____   d) 9 887 → _____

5 Complete com os números que estão faltando.

a)
```
    5 2
  - 1 □
  -----
    3 6
```

b)
```
    5 1
  - 3 8
  -----
  □ 3
```
(resultado: □3)

c)
```
    7 1
  - 4 □
  -----
    2 7
```

d)
```
    5 0
  - 2 □
  -----
    2 5
```

e)
```
    3 2
  - 1 □
  -----
    1 4
```

f)
```
    9 4
  - 3 6
  -----
  □ 8
```

g)
```
    7 6
  - 4 8
  -----
    2 □
```

h)
```
    6 3
  - □ 9
  -----
    4 4
```

i)
```
    6 1
  - 2 9
  -----
    3 □
```

PROBLEMAS

1 Pedro tem 1 972 reais na poupança. Maria, sua irmã, tem 380 reais a menos do que Pedro. Quantos reais os dois têm juntos?

Resposta: _____

2 Em que ano completou 32 anos uma pessoa que fez 48 anos em 1999?

Resposta: _____

3 Em uma estante cabem 450 livros. Coloquei nela 162 livros e minha irmã, 184. Quantos livros faltam para completar a estante?

Resposta: _____

4 Celina faz cocadas para vender. Ela já fez 183, e sua mãe fez mais 2 dúzias. Desse total, venderam 122 cocadas. Quantas restaram?

Resposta: _____

5 Depois de resolver os problemas envolvendo adição, o professor de Carlos e de Catarina pediu para que resolvessem o seguinte problema.

> Gustavo tinha 5 470 reais e gastou 2 140 reais para comprar uma televisão. Qual valor restou para Gustavo?

Veja como cada um resolveu:

Carlos resolveu a subtração por decomposição:

$$\begin{array}{r} 5\,000 + 400 + 70 \\ -\ 2\,000 + 100 + 40 \\ \hline 3\,000 + 300 + 30 = 3\,330 \end{array}$$

Catarina resolveu usando o algoritmo:

$$\begin{array}{r} 5\,470 \\ -\ 2\,140 \\ \hline 3\,330 \end{array}$$

Agora é sua vez! Resolva os problemas a seguir da maneira que preferir.

a) Um vendedor de coco saiu do centro de distribuição com 5 874 cocos no caminhão. Depois de um longo dia na rua, vendeu 3 552 cocos. Quantos cocos restaram ao fim do dia?

b) Foram impressos para uma campanha contra a dengue 7 000 panfletos para serem distribuídos em 2 semanas. Na primeira semana foram distribuídos 4 200 panfletos. Quantos panfletos sobraram para serem distribuídos na segunda semana?

EU GOSTO DE APRENDER MAIS

Leia o problema a seguir.

Gabriel tem 16 anos e Helena, 15. Eles gostam muito de ler. Este ano, Gabriel já leu 898 páginas e Helena já leu 1 299. Quem leu mais páginas até agora? Quantas páginas a mais?

a) Há dados numéricos nesse problema que não são necessários para a resolução? Quais? _____

b) Qual ideia está envolvida nesse problema? Faça um **X**.
( ) Ideia de separar   ( ) Ideia de juntar
( ) Ideia de comparar   ( ) Ideia de acrescentar

c) Que operação está relacionada a essa ideia? _____

d) Antes de resolver o problema, marque um **X** na alternativa que indica a melhor estimativa para esse resultado.
( ) 200 páginas   ( ) 300 páginas   ( ) 400 páginas
( ) 500 páginas

e) Agora resolva o problema.

Resposta: _____

LIÇÃO 8

LOCALIZAÇÃO E MOVIMENTAÇÃO

Gabriel está brincando com jogos eletrônicos. Observe uma cena do jogo.

- Para o personagem chegar ao tesouro, que movimentos ele deve fazer?
- E para ele fazer o monstro dormir, que movimento deve fazer até chegar a ele?

ATIVIDADES

1 Janaína está no centro do quarto.

a) Complete as frases com as palavras a seguir.

| Frente | Direita | Trás | Esquerda |

- Para Janaína chegar à escrivaninha, ela deve andar para _____.

- A janela está à _____ de Janaína.

- A estante de livro está à _____ dela.

- Para ir em direção à cama, ela deve girar para _____.

b) Descreva como Janaína deve fazer para sair do quarto.

_____

_____

2 As gatas Juju e Mimi estão procurando seu novelo de lã. O novelo de Juju é amarelo, e o de Mimi é azul.

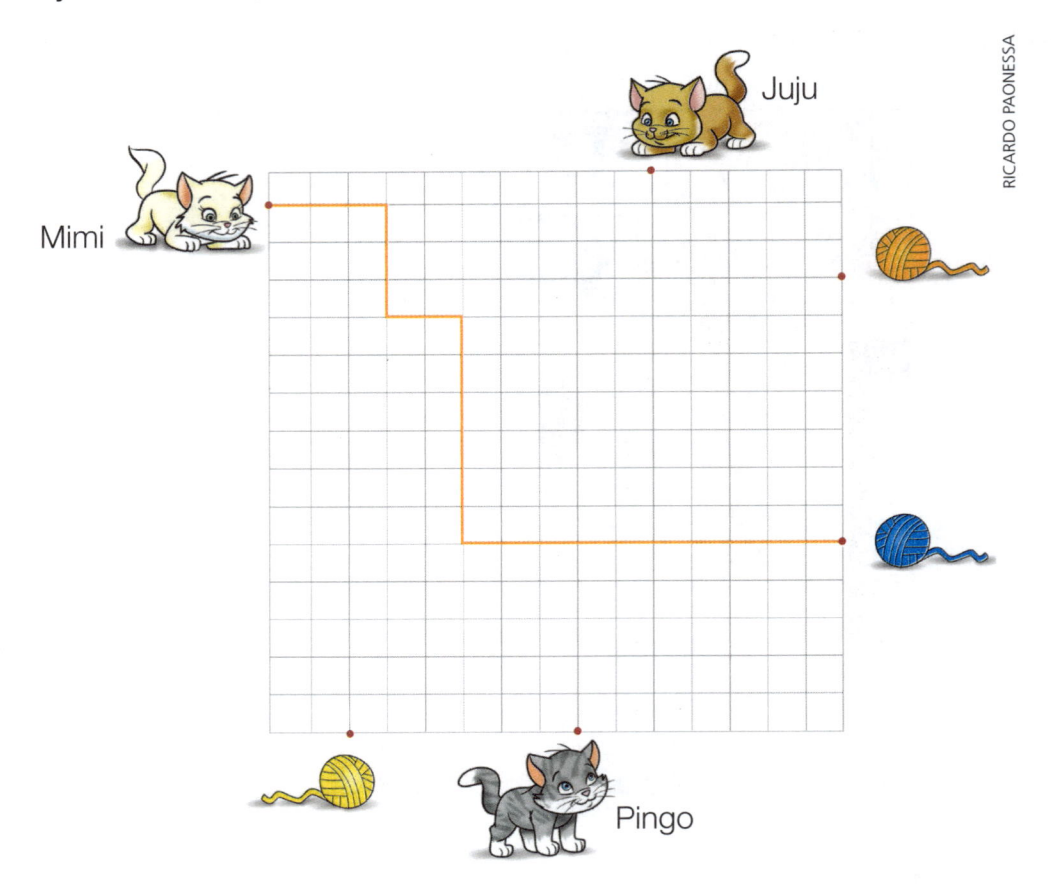

a) Veja o código de setas que descreve o trajeto que Mimi fez até chegar ao novelo azul e complete a sequência.

| 3 → | 3 ↓ | | | |

b) Trace na malha quadriculada a trajetória abaixo, que Juju fez até chegar ao novelo amarelo.

| 6 ↓ | 2 ← | 3 ↓ | 4 ← | 5 ↓ | 2 ← | 1 ↓ |

c) Agora, trace um trajeto que Pingo pode fazer para chegar ao novelo laranja.

| | | | | |

74

3 Flora está brincando de caça ao tesouro. Veja o mapa que ela recebeu. Nele, há um trajeto desenhado que começa na "entrada" e termina no "tesouro". Há também uma legenda que indica o sentido do movimento.

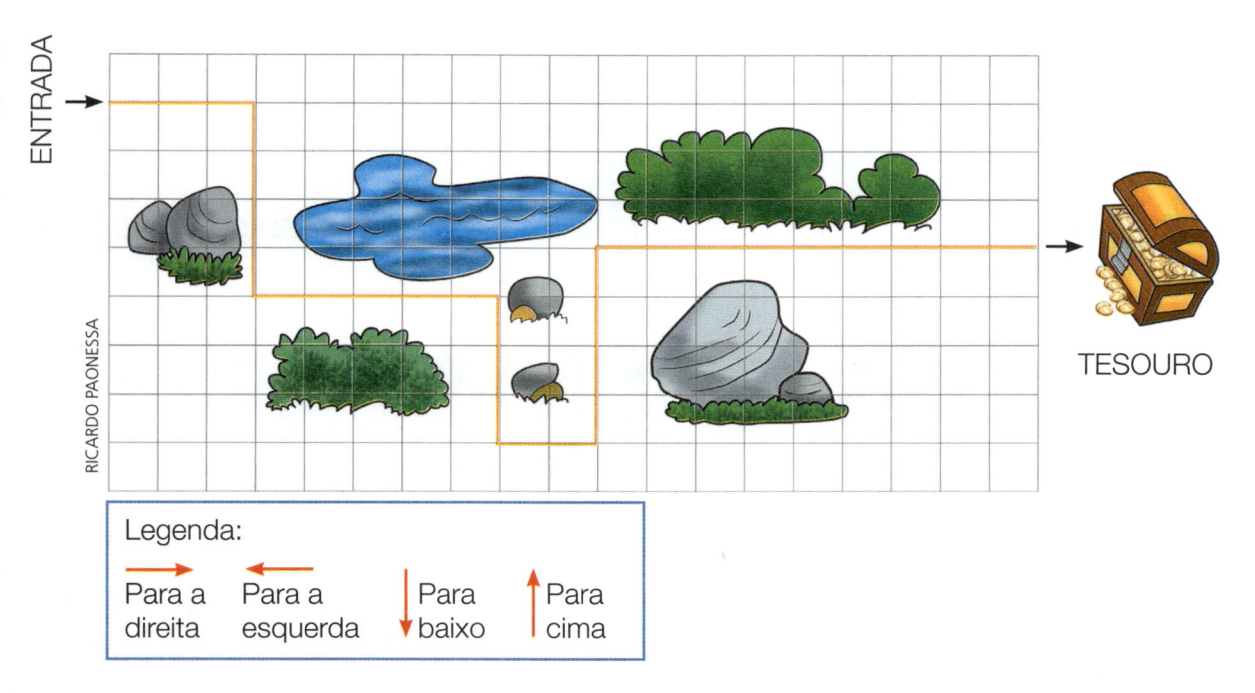

Legenda:

→ Para a direita
← Para a esquerda
↓ Para baixo
↑ Para cima

Utilizando a legenda e os lados de quadradinhos da malha é possível representar o trajeto feito no mapa. Veja, Flora já começou a representar:

3 → 4 ↓   Isso significa o seguinte: 3 lados de quadradinhos para a direita, 4 lados de quadradinhos para baixo.

a) Faça como Flora e continue descrevendo o trajeto que ela já começou.

3 → 4 ↓ _____

b) Até chegar ao tesouro, quantas vezes o trajeto mudou de direção?

_____

c) Quantas vezes a direção do trajeto mudou "para baixo"?

_____

d) Quantos lados de quadradinhos foram percorridos "para cima"?

_____

LIÇÃO 9 — MULTIPLICAÇÃO DE NÚMEROS NATURAIS

Ideias da multiplicação

Guilherme organizou uma festa em sua casa. Cuidou das comidas, mas pediu que cada amigo levasse duas garrafas de suco.

Observando a imagem, percebemos que 4 amigos foram para a festa de Guilherme. Podemos descobrir a quantidade total de garrafas de suco usando a **adição**:

$$2 + 2 + 2 + 2 = 8$$

Também podemos calcular a quantidade de garrafas de suco utilizando a **multiplicação**:

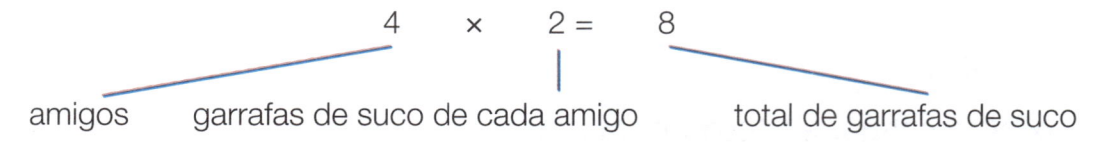

$$4 \times 2 = 8$$

- 4 → amigos
- 2 → garrafas de suco de cada amigo
- 8 → total de garrafas de suco

A **multiplicação** pode ser representada das seguintes maneiras:

- horizontal

  $4 \times 2 = 8$

  4 e 2 → fatores; 8 → produto

- conta armada

  $$\begin{array}{r} 4 \\ \times\ 2 \\ \hline 8 \end{array}$$

  4 e 2 → fatores; 8 → produto

O sinal da multiplicação é **×** (lê-se: **vezes**).

Utilizamos a multiplicação em diversas situações. Observe os diferentes significados dessa operação.

Adição de parcelas iguais

Temos 3 pacotes de figurinhas.

Cada pacote tem 5 figurinhas dentro.

Então:

$$5 + 5 + 5 = 15 \quad \text{ou} \quad 3 \times 5 = 15$$

Temos um total de 15 figurinhas.

3 × 5 = 15   (Lê-se: três vezes cinco é igual a quinze.)

fatores   produto

Proporcionalidade

João Pedro organiza sua coleção de carrinhos em caixas. Em cada caixa ele guarda 6 carrinhos. João Pedro tem 4 caixas completas.

Para descobrirmos a quantidade total de carrinhos da coleção de João Pedro, podemos utilizar a multiplicação:

$$4 \times 6 = 24$$

João Pedro tem 24 carrinhos em sua coleção.

Comparação

Rafaela tem 3 bonecas.

Íris tem 2 vezes mais bonecas do que Rafaela.

Então, se multiplicarmos 2 × 3, descobrimos que Íris tem 6 bonecas.

$$2 \times 3 = 6$$

Organização retangular

O salão da escola tem 7 fileiras com 5 cadeiras em cada uma. Observe a representação desse espaço:

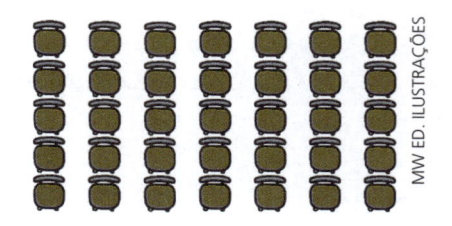

A organização retangular nos ajuda na contagem do total de cadeiras do salão.

Podemos contar de 5 em 5:

Ou podemos realizar a operação:

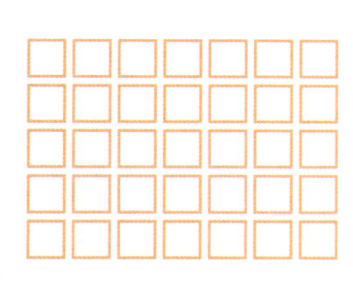

5 + 5 + 5 + 5 + 5 + 5 + 5 = 35

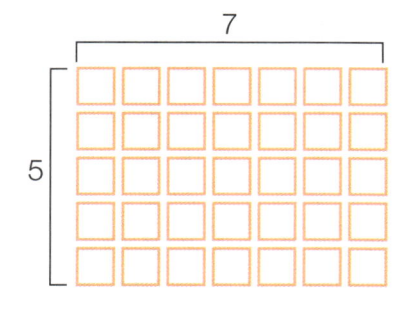

7 × 5 = 35

Combinatória

Em uma pastelaria, os clientes podem escolher os tipos de massa e os tipos de recheio. Observe como as possibilidades podem ser organizadas.

Massa / Recheio					
	assado de carne	assado de queijo	assado de calabresa	assado de frango	assado de escarola
	frito de carne	frito de queijo	frito de calabresa	frito de frango	frito de escarola

Para calcular o total de combinações com 2 tipos de massa e 5 tipos de recheio, podemos:
- adicionar os 5 tipos de pastéis assados com os 5 tipos de pastéis fritos, ou
- multiplicar 2 tipos de massa por 5 tipos de recheio.

Observe as operações:

5 + 5 = 10   2 × 5 = 10

Resposta: Os clientes podem fazer 10 tipos de combinações para comprar um pastel.

ATIVIDADES

1 Calcule o resultado das multiplicações:

a) 2 × 3 = _____   d) 3 × 2 = _____

b) 4 × 3 = _____   e) 3 × 4 = _____

c) 5 × 2 = _____   f) 2 × 5 = _____

Agora, compare os resultados da primeira coluna com os da segunda coluna. O que você pode concluir?

2 Ligue as figuras às multiplicações correspondentes. Depois, encontre os resultados das multiplicações.

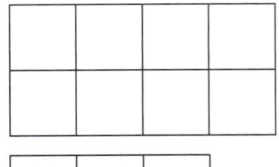

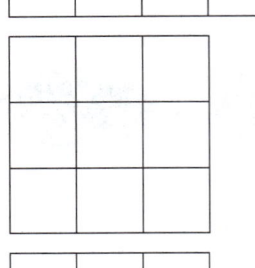

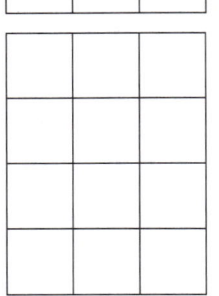

3 × 3 = _____

4 × 3 = _____

2 × 4 = _____

3 Pinte as flores conforme a legenda de cores.

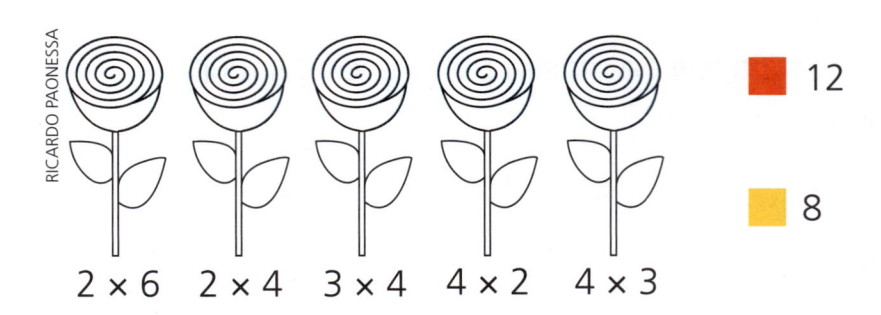

2 × 6   2 × 4   3 × 4   4 × 2   4 × 3

■ 12

■ 8

Tabuada do 2

Observe a organização desta tabuada:

TABUADA DO 2		
0 × 2	0	0
1 × 2	2	2
2 × 2	2 + 2	4
3 × 2	2 + 2 + 2	6
4 × 2	2 + 2 + 2 + 2	8
5 × 2	2 + 2 + 2 + 2 + 2	10
6 × 2	2 + 2 + 2 + 2 + 2 + 2	12
7 × 2	2 + 2 + 2 + 2 + 2 + 2 + 2	14
8 × 2	2 + 2 + 2 + 2 + 2 + 2 + 2 + 2	16
9 × 2	2 + 2 + 2 + 2 + 2 + 2 + 2 + 2 + 2	18
10 × 2	2 + 2 + 2 + 2 + 2 + 2 + 2 + 2 + 2 + 2	20

Agora complete:

a) Dois grupos com 2 gatos: 2 × 2 = 4

b) Três grupos com 2 gatos: _____ × _____ = _____

c) Quatro grupos com 2 gatos: _____ × _____ = _____

Tabuada do 3

Observe a organização desta outra tabuada:

TABUADA DO 3		
0 × 3	0	0
1 × 3	3	3
2 × 3	3 + 3	6
3 × 3	3 + 3 + 3	9
4 × 3	3 + 3 + 3 + 3	12
5 × 3	3 + 3 + 3 + 3 + 3	15
6 × 3	3 + 3 + 3 + 3 + 3 + 3	18
7 × 3	3 + 3 + 3 + 3 + 3 + 3 + 3	21
8 × 3	3 + 3 + 3 + 3 + 3 + 3 + 3 + 3	24
9 × 3	3 + 3 + 3 + 3 + 3 + 3 + 3 + 3 + 3	27
10 × 3	3 + 3 + 3 + 3 + 3 + 3 + 3 + 3 + 3 + 3	30

Agora complete:

a) Três grupos com 3 cachorros: 3 × 3 = 9

b) Quatro grupos com 3 cachorros: _____ × _____ = _____

c) Cinco grupos com 3 cachorros: _____ × _____ = _____

Outras tabuadas

4 ×	0	1	2	3	4	5	6	7	8	9	10
	0	4	8	12	16	20	24	28	32	36	40

+4 +4 +4 +4 +4 +4 +4 +4 +4 +4

5 ×	0	1	2	3	4	5	6	7	8	9	10
	0	5	10	15	20	25	30	35	40	45	50

+5 +5 +5 +5 +5 +5 +5 +5 +5 +5

6 ×	0	1	2	3	4	5	6	7	8	9	10
	0	6	12	18	24	30	36	42	48	54	60

+6 +6 +6 +6 +6 +6 +6 +6 +6 +6

7 ×	0	1	2	3	4	5	6	7	8	9	10
	0	7	14	21	28	35	42	49	56	63	70

+7 +7 +7 +7 +7 +7 +7 +7 +7 +7

8 ×	0	1	2	3	4	5	6	7	8	9	10
	0	8	16	24	32	40	48	56	64	72	80

+8 +8 +8 +8 +8 +8 +8 +8 +8 +8

9 ×	0	1	2	3	4	5	6	7	8	9	10
	0	9	18	27	36	45	54	63	72	81	90

+9 +9 +9 +9 +9 +9 +9 +9 +9 +9

ATIVIDADES

1 Complete o quadro com os resultados das multiplicações. Observe os exemplos.

	0	1	2	3	4	5	6	7	8	9	10
0	0	0	0								
1	0	1	2								
2	0	2	4								
3											
4											
5											
6											
7											
8											
9											
10											

2 No quadro, pinte de amarelo os quadrinhos que têm 12 como resultado da multiplicação e complete as operações a seguir.

__ × __ = 12   __ × __ = 12

__ × __ = 12   __ × __ = 12

3 Calcule mentalmente.

a) 2 × 2 = _____
b) 3 × 3 = _____
c) 5 × 2 = _____
d) 1 × 1 = _____
e) 8 × 2 = _____
f) 9 × 3 = _____
g) 6 × 2 = _____
h) 1 × 2 = _____

i) 4 × 3 = _____
j) 1 × 3 = _____
k) 6 × 3 = _____
l) 7 × 3 = _____
m) 3 × 2 = _____
n) 4 × 2 = _____
o) 5 × 3 = _____

4 Complete as seguintes multiplicações.

a) 5 × 7 = _____
b) 9 × 5 = _____
c) 3 × 8 = _____
d) 2 × 7 = _____

e) 7 × 5 = _____
f) 5 × 9 = _____
g) 8 × 3 = _____
h) 7 × 2 = _____

Agora, compare os resultados da primeira coluna com os da segunda. O que você pode concluir?

_____

5 Complete as sequências.

a) 0, 2, 4, __, __, __, __, __, __

b) 0, 3, 6, __, __, __, __, __, __

c) 0, 4, 8, __, __, __, __, __, __

d) 0, 5, 10, __, __, __, __, __, __

6 Quantos quadrados há em cada figura? Anote o cálculo efetuado e o resultado ao lado de cada uma. Observe o exemplo.

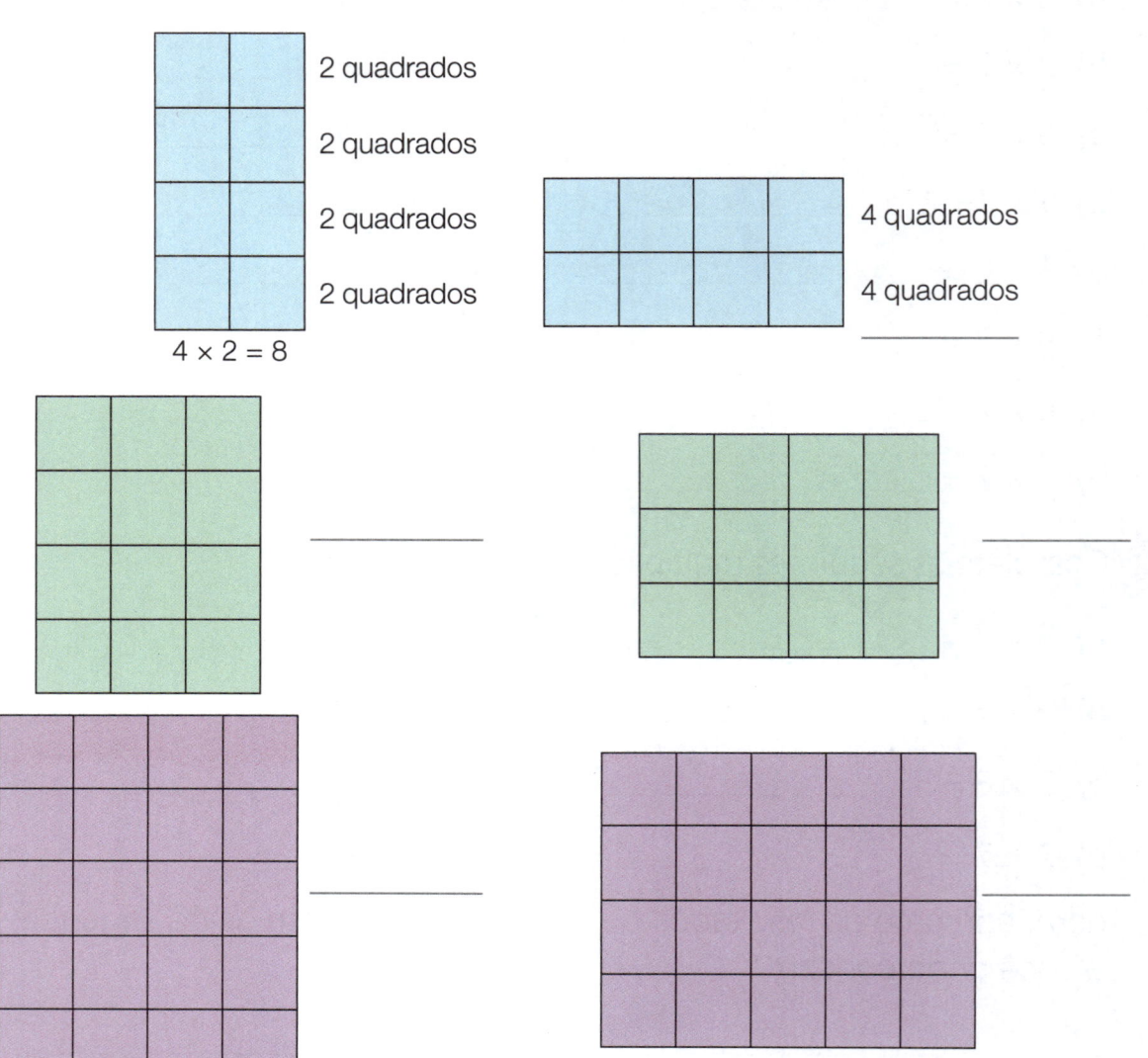

2 quadrados
2 quadrados
2 quadrados
2 quadrados
4 × 2 = 8

4 quadrados
4 quadrados
_____

_____

_____

_____

_____

7 Calcule a quantidade total de ovos sabendo que em um supermercado há 10 caixas de ovos iguais a esta.

Resposta: _____

8 Resolva os problemas.

a) Em uma caixa há 6 copos. Em 2 caixas há quantos copos?

◯ + ◯ = ◯   ◯ × ◯ = ◯

b) Rui anda 5 quilômetros todos os dias. Em 3 dias ele andará quantos quilômetros?

◯ + ◯ + ◯ = ◯   ◯ × ◯ = ◯

c) A sala da casa de Joana tem 4 janelas. Em cada janela há 2 vidros. Quantos vidros há na sala?

◯ + ◯ + ◯ + ◯ = ◯   ◯ × ◯ = ◯

Algoritmo da multiplicação

- Pedro comprou 4 pacotes com 12 balas cada um. Quantas balas ele comprou?

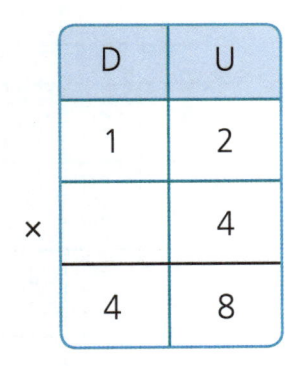

D	U
1	2
	4
4	8

×

4 vezes 2 unidades é igual a 8 unidades

4 vezes 1 dezena é igual a 4 dezenas

- Lucas gosta muito de ler. Ele leu 3 livros de 122 páginas cada um. Quantas páginas Lucas leu?

C	D	U
1	2	2
		3
3	6	6

×

3 vezes 2 unidades é igual a 6 unidades

3 vezes 2 dezenas é igual a 6 dezenas

3 vezes 1 centena é igual a 3 centenas

ATIVIDADES

1 Resolva no quadro de ordens.

a)
C	D	U
	4	3
×		3

b)
C	D	U
1	2	2
×		3

c)
C	D	U
3	2	3
×		3

d)
C	D	U
	6	2
×		4

e)
C	D	U
2	1	2
×		4

f)
C	D	U
2	4	0
×		2

g)
C	D	U
	5	0
×		5

h)
C	D	U
1	1	0
×		4

i)
C	D	U
4	2	1
×		2

j)
C	D	U
	8	4
×		2

k)
C	D	U
2	0	3
×		3

l)
C	D	U
2	3	2
×		3

O dobro e o triplo

Maria tem 4 anos, e João tem o dobro de sua idade.

O dobro de 4 é 8,
pois 4 + 4 = 8.
2 × 4 = 8

Antônio pesa 10 quilos, e seu primo tem o triplo do seu peso.

O triplo de 10 é 30, pois
10 + 10 + 10 = 30.
3 × 10 = 30

ATIVIDADES

1 Calcule o dobro de:

a) 7 → _____   c) 5 → _____   e) 15 → _____

b) 10 → _____   d) 6 → _____   f) 100 → _____

2 Calcule o triplo de:

a) 5 → _____   c) 20 → _____   e) 9 → _____

b) 7 → _____   d) 8 → _____   f) 100 → _____

3 Complete.

3	6	9						30

33	36	39					57	

63	66	69						90

4 Calcule mentalmente.

a) 1 × 12 = _____

b) 10 × 12 = _____

c) 100 × 12 = _____

d) 10 × 25 = _____

e) 100 × 25 = _____

f) 10 × 30 = _____

g) 100 × 30 = _____

h) 1000 × 30 = _____

i) 100 × 7 = _____

j) 1000 × 7 = _____

5 Calcule mentalmente o dobro de cada número.

a) 5 ⟶ _____

b) 10 ⟶ _____

c) 15 ⟶ _____

d) 20 ⟶ _____

e) 100 ⟶ _____

f) 200 ⟶ _____

g) 2 500 ⟶ _____

h) 4 050 ⟶ _____

6 Calcule mentalmente o triplo de cada número.

a) 2 ⟶ _____

b) 3 ⟶ _____

c) 5 ⟶ _____

d) 10 ⟶ _____

e) 20 ⟶ _____

f) 100 ⟶ _____

g) 300 ⟶ _____

h) 1 000 ⟶ _____

7 Calcule mentalmente.

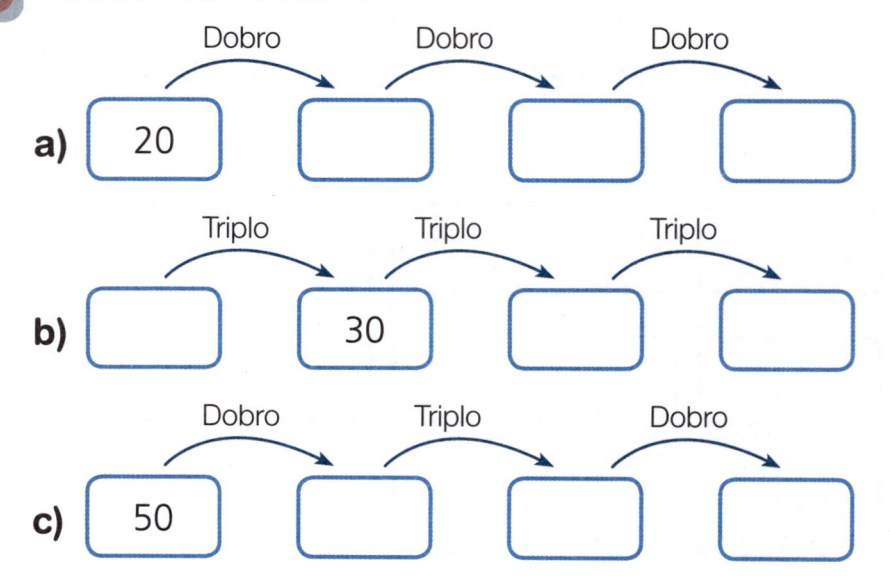

a) 20 →(Dobro)→ ☐ →(Dobro)→ ☐ →(Dobro)→ ☐

b) ☐ →(Triplo)→ 30 →(Triplo)→ ☐ →(Triplo)→ ☐

c) 50 →(Dobro)→ ☐ →(Triplo)→ ☐ →(Dobro)→ ☐

PROBLEMAS

1 Mariana tem uma coleção de figurinhas. Para contá-las, agrupou-as em grupinhos de 5, completando 8 grupos, e ainda sobraram 2 figurinhas. Quantas figurinhas ela tem?

Cálculo

Resposta: _____

2 A dona da cantina da escola foi comprar chocolates no supermercado. Ela viu que em cada caixa há 6 chocolates. Quantos chocolates há em 3 caixas?

Cálculo

Resposta: _____

3 No inverno, os pinguins-imperadores marcham para procriar na Antártida. As fêmeas desovam e vão buscar comida para os filhotes que nascerão, enquanto os machos guardam e chocam os ovos. A fêmea **A** partiu em busca de alimento e trouxe 4 peixes para seu filhote. A fêmea **B** trouxe o dobro da quantidade de peixes. Quantos peixes a fêmea **B** trouxe?

Cálculo

Resposta: _____

4 Em uma sala de aula, a professora da escola arrumou as carteiras da seguinte maneira: 4 fileiras com 6 carteiras em cada. Quantas carteiras há nessa sala de aula?

Cálculo

Resposta: _____

5 Em uma lanchonete foram feitos 3 tabuleiros de salgados, conforme a figura. Foram vendidos 77 salgados. Quantos salgados restaram?

Cálculo

Resposta: _____

EU GOSTO DE APRENDER MAIS

- Combinei com minha mãe que hoje posso comprar lanche da cantina. Ela disse que eu poderia escolher um salgado, um doce e uma bebida. Veja quais são as opções de lanches vendidos na cantina e responda: Quantas combinações diferentes de lanche eu posso comprar?

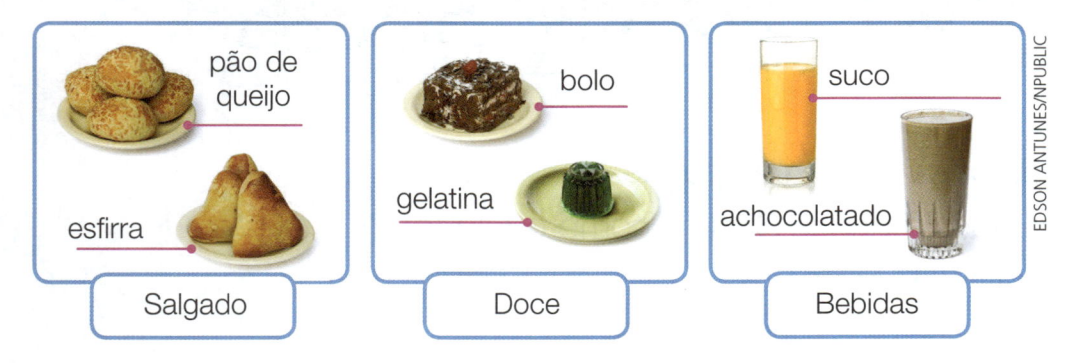

Salgado: pão de queijo, esfirra
Doce: bolo, gelatina
Bebidas: suco, achocolatado

Para ajudar no raciocínio, primeiro escreva as opções.

Resposta: _____

- Lúcia foi à sorveteria e pediu um cascão com sorvete e cobertura. Agora ela precisa escolher os sabores do sorvete: creme, chocolate ou morango; e da cobertura: caramelo, chocolate e morango. Quantas combinações diferentes ela pode fazer?

Resposta: _____

Multiplicação com reagrupamento

Cristina vai fazer uma festa e comprou 3 caixas de empadas.

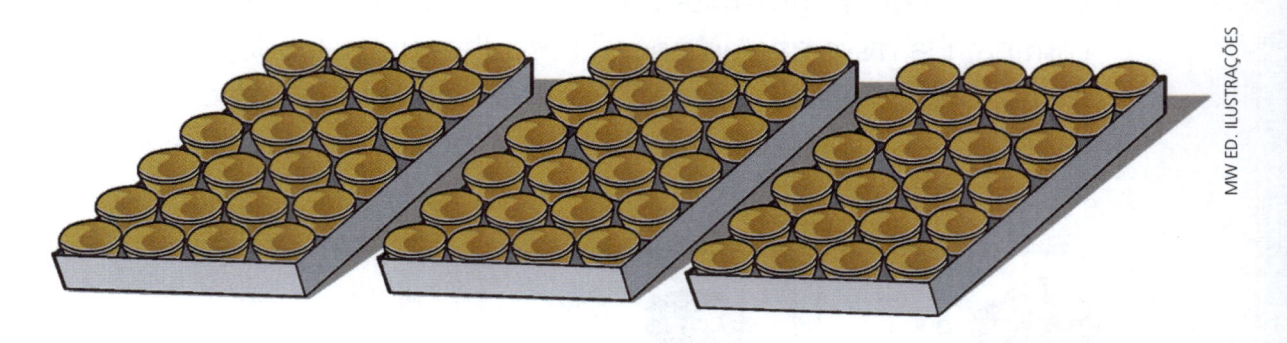

Cada caixa tem 24 empadas.

Quantas empadas Cristina comprou no total?

Vamos efetuar 24 × 3.

Algoritmo

D	U
①2	4
×	3
	2

- 3 vezes 4 unidades é igual a 12 unidades.
- 12 unidades = 1 dezena + 2 unidades.
- No resultado, escrevemos 2 na ordem das unidades e ① na ordem das dezenas.

D	U
①2	4
×	3
7	2

- 3 vezes 2 dezenas é igual a 6 dezenas.
- 6 dezenas mais ① dezena é igual a 7 dezenas.

Resposta: _____

Observe esta outra situação.

Marcos tem 378 bolas de gude, e Renato tem 2 vezes mais. Quantas bolas de gude tem Renato?

C	D	U
3	①7	8
×		2
		6

- 2 vezes 8 unidades é igual a 16 unidades.
- 16 unidades = 10 dezenas + 6 unidades.
- No resultado, escrevemos 6 na ordem das unidades e ① na ordem das dezenas.

	C	D	U
	⁰3	⁰7	8
×			2
		5	6

- 2 vezes 7 dezenas é igual a 14 dezenas.
- 14 dezenas mais ① dezena é igual a 15 dezenas.
- 15 dezenas = 1 centena + 5 dezenas.
- No resultado, escrevemos 5 na ordem das dezenas, e ① na ordem das centenas.

	C	D	U
	¹3	¹7	8
×			2
	7	5	6

- 2 vezes 3 centenas é igual a 6 centenas.
- 6 centenas mais ① centena é igual a 7 centenas.

Resposta: _____

ATIVIDADES

1 Efetue as multiplicações.

a) 32 × 6

b) 223 × 4

c) 126 × 6

d) 63 × 4

e) 42 × 7

f) 59 × 2

g) 214 × 3

h) 338 × 2

i) 64 × 3

j) 83 × 5

k) 73 × 6

l) 65 × 3

2 Observe o exemplo e efetue as multiplicações.

C	D	U
¹3	¹7	8
×		2
	5	6

```
   ③1 ②6  4
  ×       5
  ─────────
     8  2  0
```

a) 2 3 9
   ×   4
   ───────

d) 1 2 6
   ×   7
   ───────

g) 2 9 5
   ×   3
   ───────

b) 1 3 9
   ×   6
   ───────

e) 1 2 8
   ×   7
   ───────

h) 2 5 8
   ×   3
   ───────

c) 4 8 5
   ×   2
   ───────

f) 3 5 6
   ×   2
   ───────

i) 1 3 2
   ×   6
   ───────

3 Arme e resolva.

a) 240 × 4

d) 150 × 5

g) 135 × 5

b) 148 × 6

e) 105 × 9

h) 397 × 2

c) 437 × 2

f) 108 × 8

i) 133 × 7

PROBLEMAS

1 Veja como Juliana resolveu o problema a seguir pelo algoritmo da multiplicação.

> Lídia organizou 5 calhamaços de folhas de sulfite colorida, cada um com 230 folhas. Quantas folhas ela utilizou no total?

```
      230
  ×     5
  -------
    1 150
```

Ana resolveu pelo método da decomposição.

5 × 230

```
    2 0 0  +    3 0
               ×  5
    ─────────────────
    1 0 0 0  +  1 5 0  =  1 1 5 0
```

a) A diretora de uma escola comprou 625 caixas de lápis de cor para distribuir entre seus alunos. Em cada uma dessas caixas havia 6 lápis. Quantos lápis ela comprou no total?

Cálculo

b) A colheita de um laranjal deu 300 sacos com 9 laranjas cada. Quantas laranjas foram colhidas no total?

Cálculo

EU GOSTO DE APRENDER MAIS

Leia abaixo um problema sobre a venda de espetinhos de frutas por Vitória e suas irmãs.

> Vitória e suas irmãs vendem espetinhos de fruta na feira de domingo. Elas chegam às 7 h da manhã. Cada espetinho é vendido por R$ 4,00. Na feira de ontem elas venderam 287 espetinhos até o fim da feira, às 14 h. Qual foi a quantia que elas arrecadaram com a venda dos espetinhos?

Responda.

a) Há dados numéricos nesse problema que não são necessários para a resolução? Quais? _____

b) Qual ideia está envolvida nesse problema? Faça um **X**.

   (   ) Ideia de separar   (   ) Ideia de proporcionalidade
   (   ) Ideia de combinatória   (   ) Ideia de acrescentar

c) Que operação está relacionada a essa ideia? _____

d) Antes de resolver o problema, escreva um plano a seguir, ou seja, um passo a passo de como você fará para resolver esse problema.
_____
_____

e) Agora resolva o problema.

Resposta: _____

INFORMAÇÃO E ESTATÍSTICA

Árvore de possibilidades

Observe como Suzane organizou os números de 3 algarismos que podem ser formados com os algarismos 1, 2 e 3, sem repeti-los:

1
- 2 – 3 → 123
- 3 – 2 → 132

2
- 1 – 3 → 213
- 3 – 1 → 231

3
- 1 – 2 → 312
- 2 – 1 → 321

Suzane verificou quais eram as combinações que poderiam ser feitas se o algarismo da centena fosse o 1, depois o 2 e, por fim, o 3. Por meio da árvore de possibilidades, Suzane descobriu as 6 possibilidades de construção dos números.

Descubra as possíveis combinações para compor um número com os três algarismos: 4, 5 e 8. Atenção, eles só podem ser utilizados uma vez na construção de cada número.

LIÇÃO 10
DIVISÃO DE NÚMEROS NATURAIS

Repartindo em partes iguais

Rodrigo tem 16 soldadinhos de chumbo e quer fazer 4 fileiras, cada uma com a mesma quantidade de bonecos. Quantos soldadinhos ficarão em cada fileira?

16 soldadinhos divididos por 4 é igual a 4.

$16 \div 4 = 4$

Ele usou a **divisão** para distribuir igualmente os soldadinhos em filas. A divisão pode ser representada das seguintes maneiras:

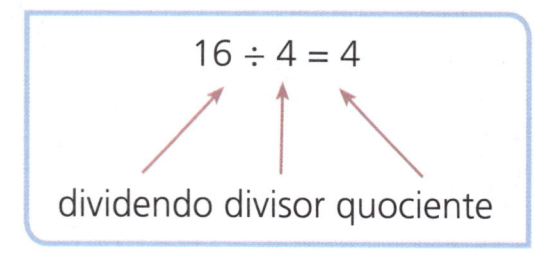

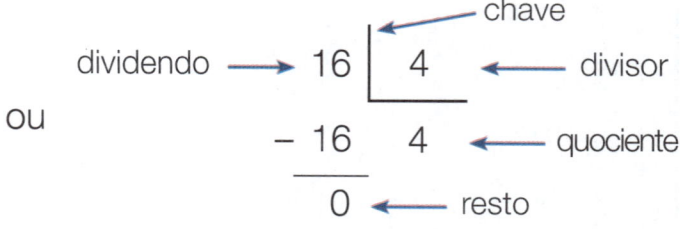

$16 \div 4 = 4$

dividendo divisor quociente

ou

dividendo → 16 | 4 ← chave / divisor
− 16   4 ← quociente
   0   ← resto

Quando utilizamos a **chave**, dizemos que armamos a operação.

O sinal da divisão é ÷ (lê-se: **dividido por**).

ATIVIDADES

1 Circule as figuras do primeiro quadro, repartindo-as igualmente como se pede no segundo quadro. Depois, escreva a operação realizada.

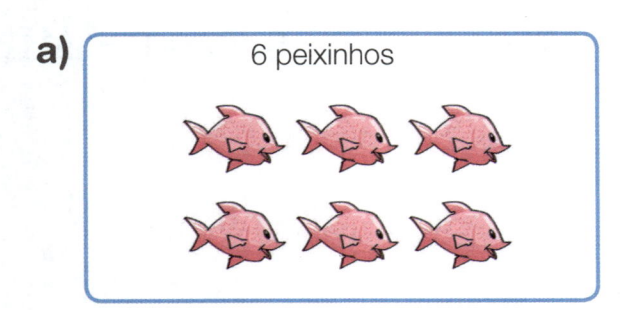

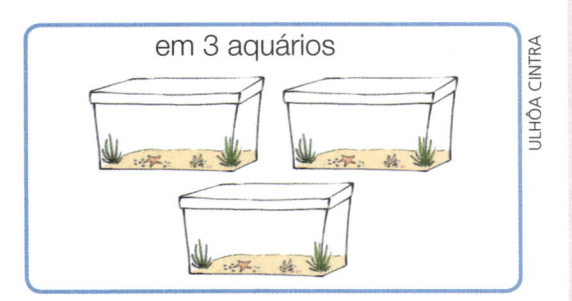

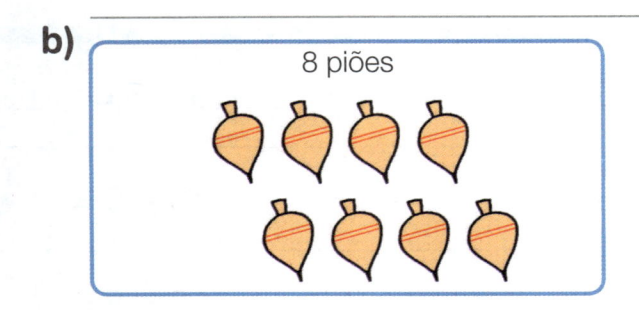

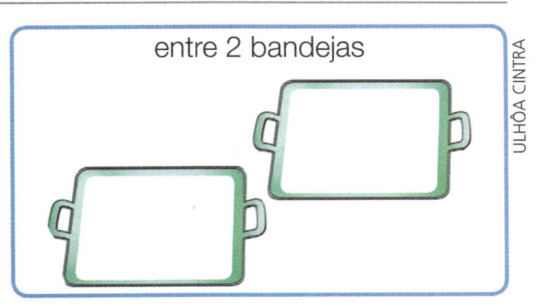

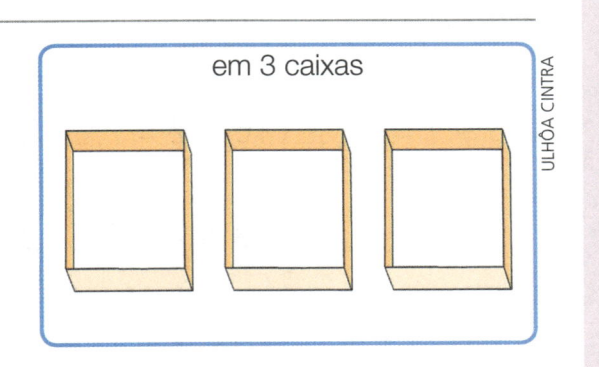

a) 6 peixinhos — em 3 aquários

b) 8 piões — entre dois meninos

c) 10 xícaras — entre 2 bandejas

d) 12 laranjas — em 3 caixas

2 Resolva as divisões.

a) 21 ÷ 3 = _____   c) 36 ÷ 6 = _____   e) 10 ÷ 2 = _____

b) 24 ÷ 4 = _____   d) 49 ÷ 7 = _____   f) 32 ÷ 8 = _____

3 Complete as tabuadas da divisão.

1 ÷ 1 = ___	2 ÷ 2 = ___	3 ÷ 3 = ___	4 ÷ 4 = ___	5 ÷ 5 = ___
2 ÷ 1 = ___	4 ÷ 2 = ___	6 ÷ 3 = ___	8 ÷ 4 = ___	10 ÷ 5 = ___
3 ÷ 1 = ___	6 ÷ 2 = ___	9 ÷ 3 = ___	12 ÷ 4 = ___	15 ÷ 5 = ___
4 ÷ 1 = ___	8 ÷ 2 = ___	12 ÷ 3 = ___	16 ÷ 4 = ___	20 ÷ 5 = ___
5 ÷ 1 = ___	10 ÷ 2 = ___	15 ÷ 3 = ___	20 ÷ 4 = ___	25 ÷ 5 = ___
6 ÷ 1 = ___	12 ÷ 2 = ___	18 ÷ 3 = ___	24 ÷ 4 = ___	30 ÷ 5 = ___
7 ÷ 1 = ___	14 ÷ 2 = ___	21 ÷ 3 = ___	28 ÷ 4 = ___	35 ÷ 5 = ___
8 ÷ 1 = ___	16 ÷ 2 = ___	24 ÷ 3 = ___	32 ÷ 4 = ___	40 ÷ 5 = ___
9 ÷ 1 = ___	18 ÷ 2 = ___	27 ÷ 3 = ___	36 ÷ 4 = ___	45 ÷ 5 = ___
10 ÷ 1 = ___	20 ÷ 2 = ___	30 ÷ 3 = ___	40 ÷ 4 = ___	50 ÷ 5 = ___

6 ÷ 6 = ___	7 ÷ 7 = ___	8 ÷ 8 = ___	9 ÷ 9 = ___	10 ÷ 10 = ___
12 ÷ 6 = ___	14 ÷ 7 = ___	16 ÷ 8 = ___	18 ÷ 9 = ___	20 ÷ 10 = ___
18 ÷ 6 = ___	21 ÷ 7 = ___	24 ÷ 8 = ___	27 ÷ 9 = ___	30 ÷ 10 = ___
24 ÷ 6 = ___	28 ÷ 7 = ___	32 ÷ 8 = ___	36 ÷ 9 = ___	40 ÷ 10 = ___
30 ÷ 6 = ___	35 ÷ 7 = ___	40 ÷ 8 = ___	45 ÷ 9 = ___	50 ÷ 10 = ___
36 ÷ 6 = ___	42 ÷ 7 = ___	48 ÷ 8 = ___	54 ÷ 9 = ___	60 ÷ 10 = ___
42 ÷ 6 = ___	49 ÷ 7 = ___	56 ÷ 8 = ___	63 ÷ 9 = ___	70 ÷ 10 = ___
48 ÷ 6 = ___	56 ÷ 7 = ___	64 ÷ 8 = ___	72 ÷ 9 = ___	80 ÷ 10 = ___
54 ÷ 6 = ___	63 ÷ 7 = ___	72 ÷ 8 = ___	81 ÷ 9 = ___	90 ÷ 10 = ___
60 ÷ 6 = ___	70 ÷ 7 = ___	80 ÷ 8 = ___	90 ÷ 9 = ___	100 ÷ 10 = ___

Algoritmo da divisão

Sandra colocou 28 revistas em 2 pastas, de modo que cada pasta ficou com a mesma quantidade de revistas. Quantas revistas ela colocou em cada pasta?

Para saber a resposta, dividimos 28 por 2.

```
  DU
  28 | 2
- 20   14
  ----  DU
   08
 -  8
  ----
    0
```

28 é igual a 2 dezenas mais 8 unidades.
- Dividimos 2 dezenas por 2 → 2 D ÷ 2 = 1 D
- 2 vezes 1 dezena é igual a 2 dezenas.
  2 × 1 D = 2 D = 20
- Subtraímos 20 de 28 → 28 − 20 = 8 unidades.
- Dividimos 8 unidades por 2:
  8 ÷ 2 = 4 unidades.
- 2 vezes 4 unidades é igual a 8 unidades.
- Subtraímos 8 de 8 unidades → 8 − 8 = 0.

Resposta: Sandra colocou 14 revistas em cada pasta.

PROBLEMAS

1 Glória vai embalar 18 bombons em 3 caixas. Quantos bombons ficarão em cada caixa?

Cálculo

Resposta: _____

2 Henrique organizou os 42 botões de sua coleção em cartelas. Em cada cartela cabem 6 botões. Quantas cartelas foram necessárias para Henrique organizar todos os botões?

Cálculo

Resposta: _____

3 Uma sala de aula tem 20 cadeiras. Essas cadeiras serão organizadas em 5 fileiras. Quantas cadeiras ficarão em cada fileira?

Cálculo

Resposta: _____

Divisão exata e divisão não exata

Veja estas situações.

Situação 1

Marcelo vai estudar com 4 amigos em sua casa. A mãe dele gosta de fazer bombons. Ela preparou 20 bombons para Marcelo distribuir entre ele e seus amigos.

Quantos bombons Marcelo dará para cada amigo?

Dividindo o número de bombons pelo número de crianças, vamos saber.

$$\begin{array}{r|l} 20 & 5 \\ -20 & 4 \\ \hline 0 & \end{array} \leftarrow \text{resto}$$

Marcelo dará 4 bombons para cada amigo.

Uma divisão é **exata** quando seu resto é zero.

Situação 2

O professor de Marcelo vai formar grupos para um trabalho de Geografia. O número de alunos é 27. E o professor quer formar grupos de 5 alunos.

Quantos grupos serão formados?

Dividindo o número total de alunos pela quantidade de alunos por grupo, vamos saber.

$$\begin{array}{r|l} 27 & 5 \\ -25 & 5 \\ \hline 2 & \end{array} \leftarrow \text{resto}$$

Serão formados 5 grupos de 5 alunos e sobrarão 2 alunos.

Quando uma divisão deixa resto, chamamos de divisão **não exata**.

> **Atenção!**
> Em uma divisão não exata, o resto deve ser menor do que o divisor.

ATIVIDADES

1 Arme as divisões para encontrar os resultados.

a) 7 ÷ 2 = _____

e) 17 ÷ 4 = _____

i) 16 ÷ 5 = _____

b) 11 ÷ 4 = _____

f) 9 ÷ 2 = _____

j) 13 ÷ 2 = _____

c) 63 ÷ 3 = _____

g) 77 ÷ 7 = _____

k) 46 ÷ 4 = _____

d) 84 ÷ 3 = _____

h) 68 ÷ 4 = _____

l) 75 ÷ 3 = _____

2 Quais divisões da atividade anterior apresentam resultados exatos?

Verificação da divisão

A divisão é a operação inversa da multiplicação.
Observe:

$$10 \div 5 = 2, \text{então: } 2 \times 5 = 10$$

Esse é um exemplo de divisão exata. Para verificar se uma divisão exata está correta, multiplicamos o quociente pelo divisor e encontramos o dividendo.

```
dividendo →   10 | 5   ← divisor            5
            − 10   2   ← quociente       ×  2
resto →        0                            10
```

Observe outra divisão:

$$19 \div 5 = 3, \text{ e tem resto 4}$$

Esse é um exemplo de **divisão não exata**. Para verificar se uma divisão que tem resto está correta, multiplicamos o quociente pelo divisor e somamos o produto ao resto, encontrando o dividendo.

```
dividendo →   19 | 5   ← divisor            5
            − 15   3   ← quociente       ×  3
resto →        4                            15
                                         +   4
                                            19
```

Temos duas maneiras de registrar as divisões.

Método longo	Método breve

83 | 3
− 6   27
─────
  23
− 21
─────
    2
	83 | 3
	23 27
	 2

ATIVIDADES

1 Resolva e complete.

a) $2 \times 5 = 10$
- 10 ___ 2 = ___
- 10 ___ 5 = ___

b) $8 \times 3 = 24$
- 24 ___ 8 = ___
- 24 ___ 3 = ___

c) $6 \times 5 = 30$
- 30 ___ 6 = ___
- 30 ___ 5 = ___

d) $5 \times 4 = 20$
- 20 ___ 4 = ___
- 20 ___ 5 = ___

e) $6 \times 2 = 12$
- 12 ___ 6 = ___
- 12 ___ 2 = ___

f) $2 \times 7 = 14$
- 14 ___ 2 = ___
- 14 ___ 7 = ___

g) $2 \times 8 = 16$
- 16 ___ 2 = ___
- 16 ___ 8 = ___

h) $9 \times 3 = 27$
- 27 ___ 9 = ___
- 27 ___ 3 = ___

2 Descubra qual é o número que está faltando nas seguintes divisões.

a) $6 \div$ ___ $= 3$
b) $12 \div 4 =$ ___
c) ___ $\div 3 = 3$
d) ___ $\div 3 = 8$
e) ___ $\div 4 = 4$
f) $15 \div$ ___ $= 5$
g) $10 \div 2 =$ ___
h) $20 \div$ ___ $= 5$
i) $10 \div$ ___ $= 5$

3 Observe o exemplo, resolva as operações e confira suas respostas com a operação inversa.

$$96 \div 4 = 24$$

```
  96 | 4
-  8  ‾‾‾‾
  ‾‾   24
  16
- 16
  ‾‾
   0
```

```
   ¹24
 ×   4
 ‾‾‾‾‾
    96
```

a) $96 \div 3 =$ _____

b) $63 \div 3 =$ _____

c) $15 \div 5 =$ _____

d) $48 \div 2 =$ _____

e) $33 \div 3 =$ _____

f) $83 \div 3 =$ _____

4 Resolva as divisões e circule as que apresentam resultados não exatos.

a) 482 | 2

d) 848 | 4

g) 264 | 2

b) 684 | 2

e) 845 | 4

h) 976 | 6

c) 958 | 5

f) 543 | 3

i) 629 | 5

5 Resolva as operações:

a) 126 ÷ 3 = _____

d) 246 ÷ 3 = _____

g) 176 ÷ 8 = _____

b) 276 ÷ 4 = _____

e) 783 ÷ 9 = _____

h) 210 ÷ 5 = _____

c) 926 ÷ 7 = _____

f) 347 ÷ 4 = _____

i) 724 ÷ 4 = _____

PROBLEMAS

1 A prefeitura de uma cidade comprou 35 mudas de ipê para serem plantadas em 5 ruas da cidade. Todas as ruas devem receber o mesmo número de mudas. Quantas mudas de ipê serão plantadas em cada rua?

Cálculo

Resposta: _____

2 No carrinho de sorvete do senhor Joaquim há 45 picolés. Ele quer distribuí-los igualmente entre 4 crianças. Quantos picolés sobrarão no carrinho do senhor Joaquim?

Cálculo

Resposta: _____

3 Um jardineiro possuía 624 mudas de mangueira. Morreram 186 mudas. As mudas que sobraram foram plantadas em quantidades iguais em 2 terrenos. Quantas mudas de mangueira foram colocadas em cada terreno?

Cálculo

Resposta: _____

4 Depois de resolver os problemas envolvendo divisão, o professor de Carlos e de Catarina pediu para que resolvessem o seguinte problema.

Se dividir 135 bolas em 9 caixas, quantas bolas ficarão em cada caixa?

Veja como cada um resolveu:

Carlos resolveu o problema por etapas.

1º) Colocou 10 bolas em cada caixa.

(10) (10) (10)
(10) (10) (10) } 135 − 90 = 45
(10) (10) (10)

2º) Depois, colocou mais 5 bolas em cada caixa.

(5) (5) (5)
(5) (5) (5) } 45 − 45 = 0
(5) (5) (5)

(10) + (5) = (15) bolas em cada caixa
Então, 135 ÷ 9 = 15

Catarina resolveu usando o algoritmo da divisão:

```
 135 | 9
−  9  15
 ‾‾‾
  45
− 45
 ‾‾‾
   0
```

Agora é sua vez! Resolva os problemas a seguir da maneira que preferir.

a) Ricardo comprou 800 salgadinhos para uma festa. Esses salgadinhos foram igualmente separados em embalagens com 8 unidades. Quantas embalagens foram montadas?

b) Uma floricultura tinha 630 rosas para fazer buquês com 7 rosas cada. Quantos buquês é possível fazer com essa quantidade de rosas?

EU GOSTO DE APRENDER MAIS

1 Leia o problema a seguir.

> O Cine Escola esteve lotado nas 5 sessões de um filme sobre a vida marinha. As sessões aconteceram em 3 dias. Ao todo, 640 alunos da escola assistiram ao filme.
> Quantos lugares há na sala do Cine da Escola?

a) Há dados numéricos nesse problema que não são necessários para a resolução? Quais? _____

b) Que operação você acha que deverá usar para resolver esse problema? _____

c) Agora resolva o problema.

Resposta: _____

2 Abaixo, um problema foi iniciado e ainda tem um dado faltando. Continue escrevendo o problema de modo que apareça algum dado que não será necessário utilizar na resolução.

> Murilo tem de empacotar ovos em cartelas com 6 ovos. Ele tem _____ ovos para empacotar.
> _____

- Troque seu problema com um colega e resolva o problema elaborado por ele.

LIÇÃO 11
GEOMETRIA PLANA

Retas e curvas

Observe as fotos.

As linhas do caderno lembram retas paralelas.

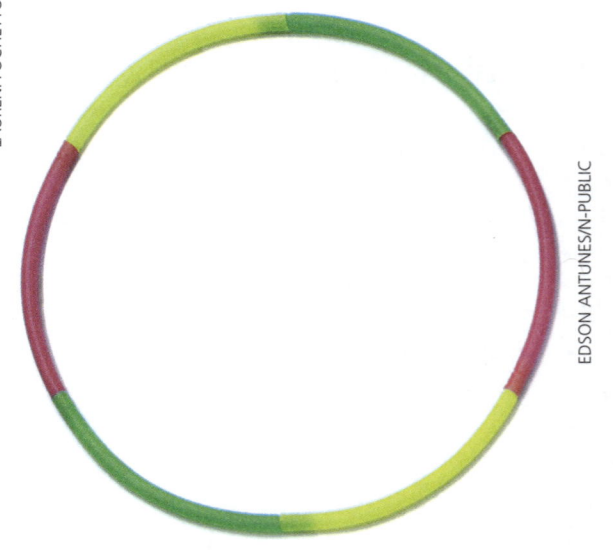

O bambolê representa uma linha curva fechada.

Esses trilhos lembram linhas retas paralelas.

O contorno do tobogã lembra linhas curvas.

ATIVIDADES

1 Faça um desenho ligando os pontos com linhas retas. Utilize régua.

• • • •

• • • •

• • • •

• • • •

2 Agora, faça outro desenho apenas com linhas curvas.

Figuras geométricas planas

Observe o contorno feito com lápis, em uma folha de papel, de uma das faces de cada sólido geométrico. As figuras obtidas são denominadas figuras **geométricas planas**.

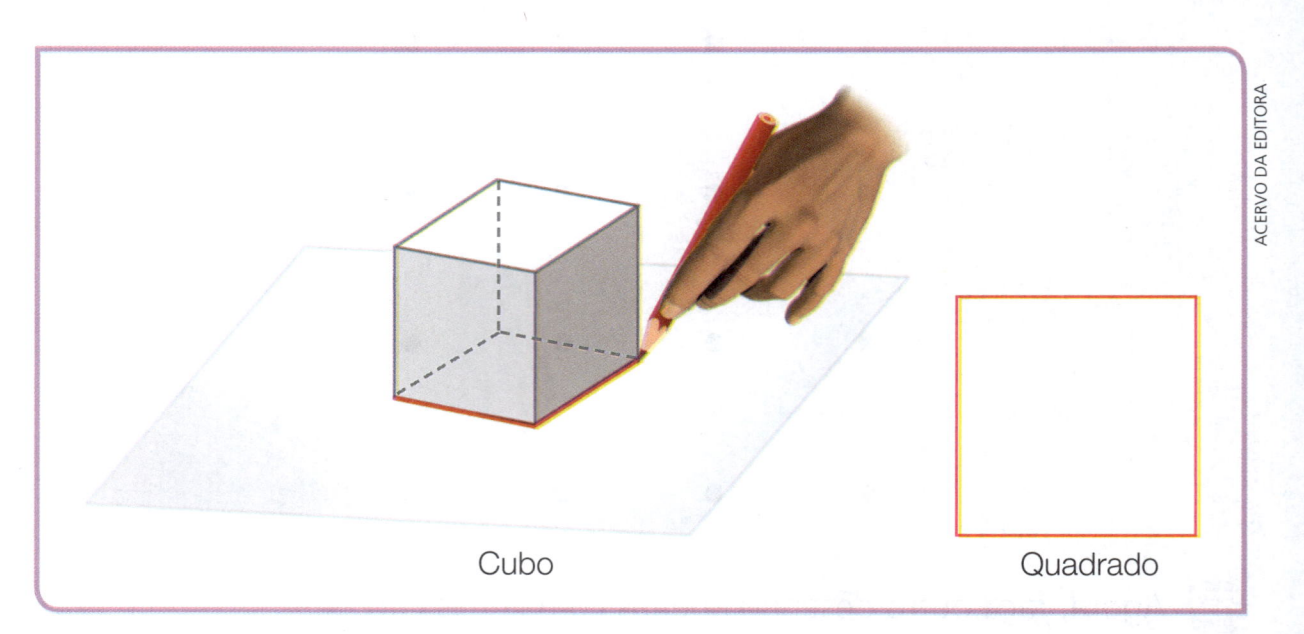

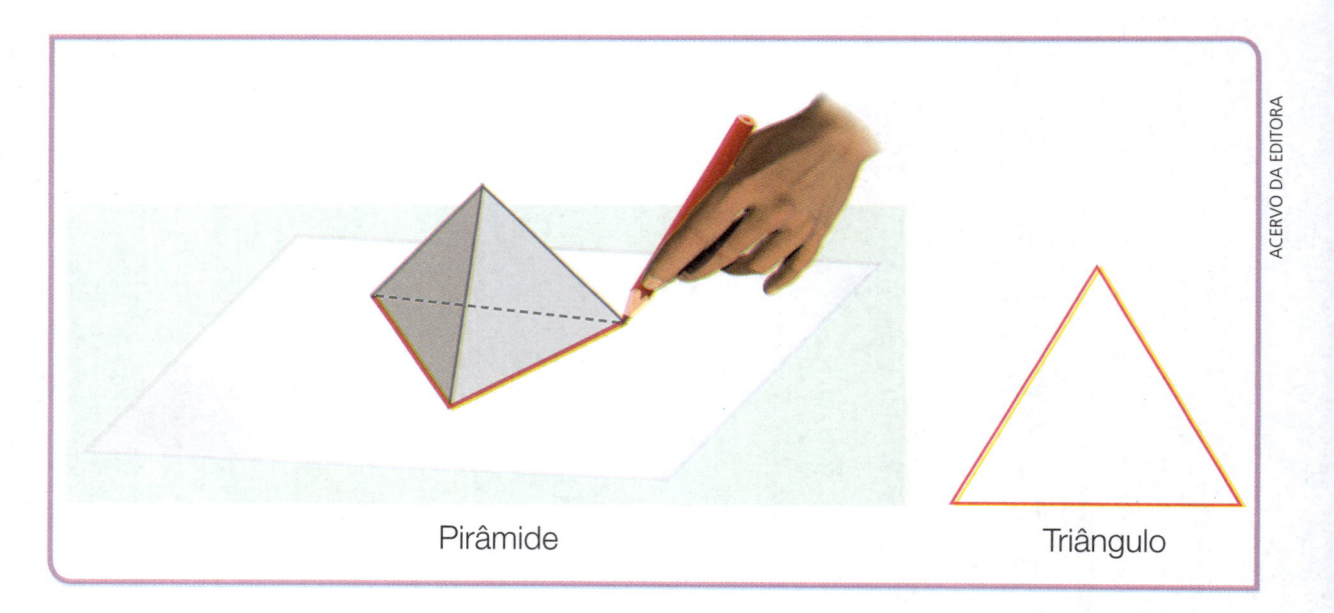

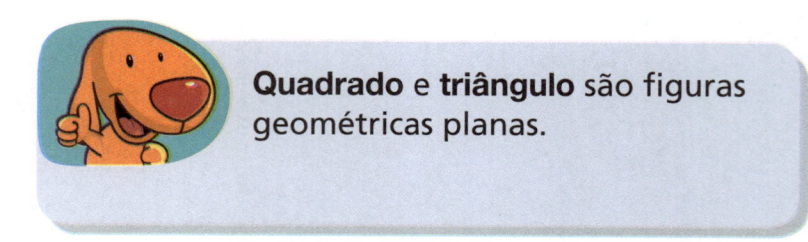

Cubo — Quadrado

Pirâmide — Triângulo

Quadrado e **triângulo** são figuras geométricas planas.

ATIVIDADES

1 Ligue os sólidos geométricos às figuras planas que podem ser encontradas em suas faces:

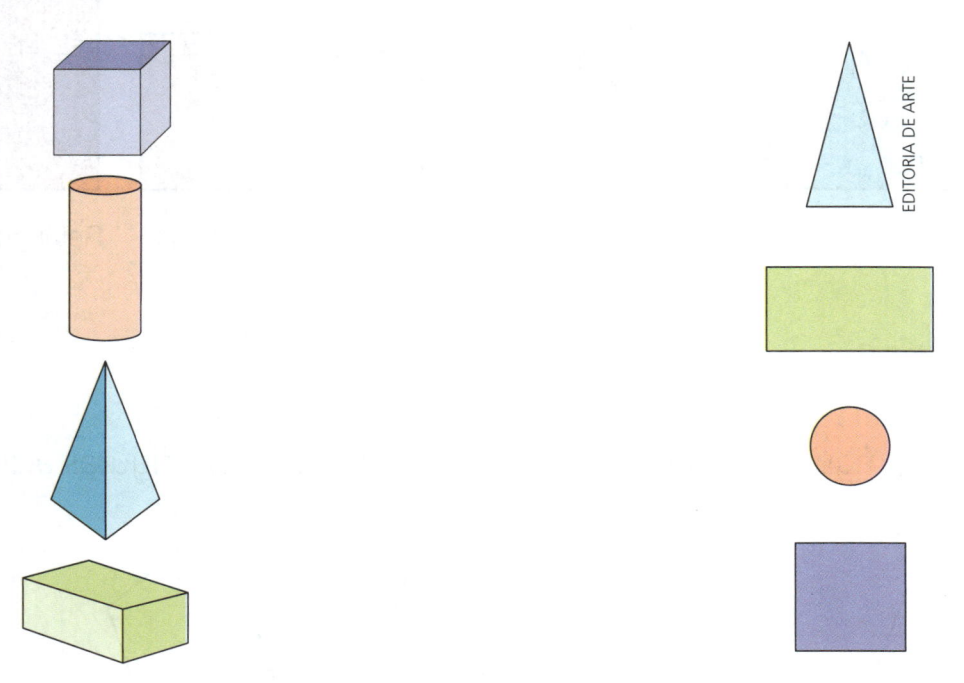

2 As figuras planas também estão presentes nas placas de trânsito. Escreva o nome da figura geométrica que cada placa lembra.

_____   _____

_____   _____

Você sabe o significado de cada placa?
Converse com seus colegas.

Classificação de algumas figuras planas

Observe as figuras abaixo e seus nomes.

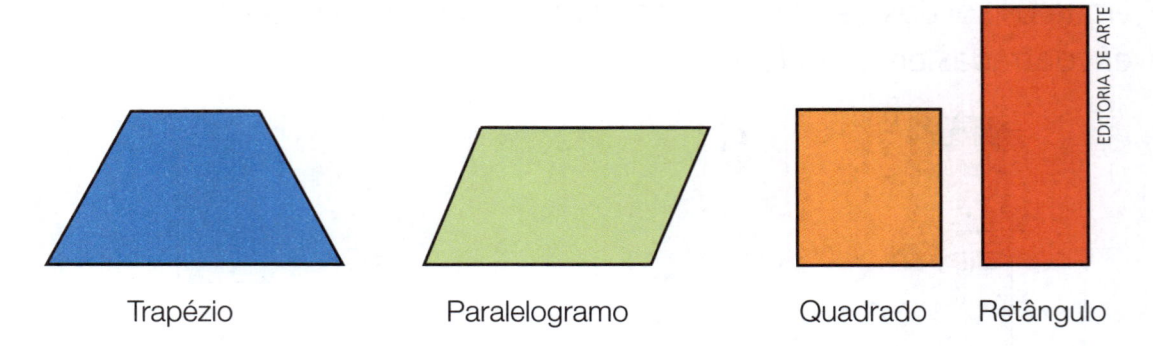

Trapézio   Paralelogramo   Quadrado   Retângulo

ATIVIDADES

1 Pinte as figuras a seguir de acordo com as cores das figuras acima.

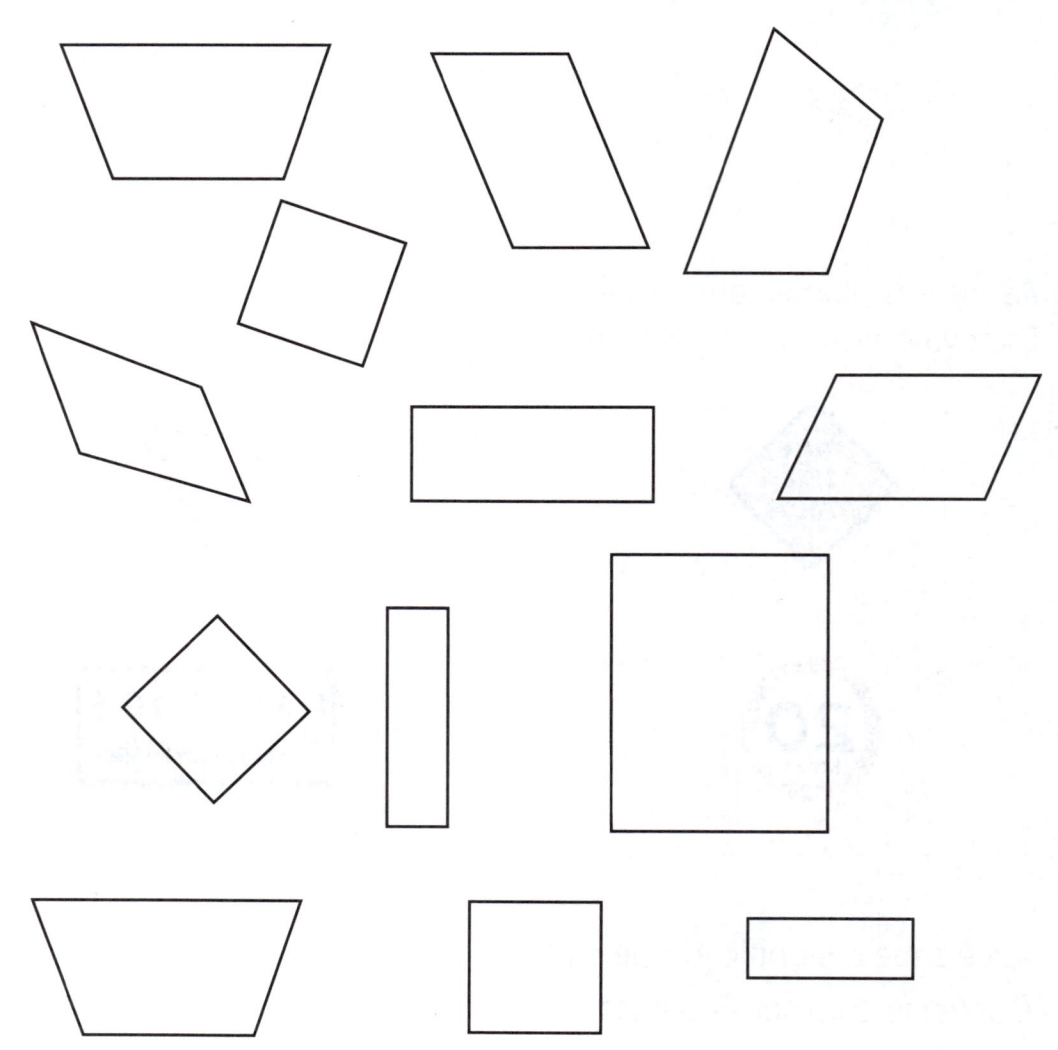

Veja os elementos das figuras planas compostas por linhas retas.

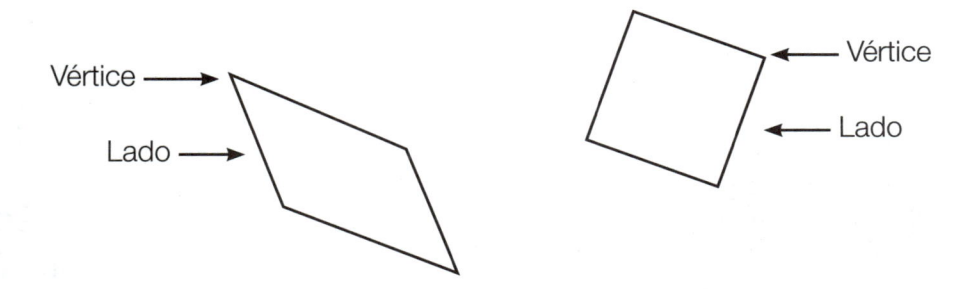

Vértice
Lado

Vértice
Lado

2 Pedro desenhou em seu caderno figuras geométricas com 4 lados. Circule as figuras que Pedro pode ter desenhado.

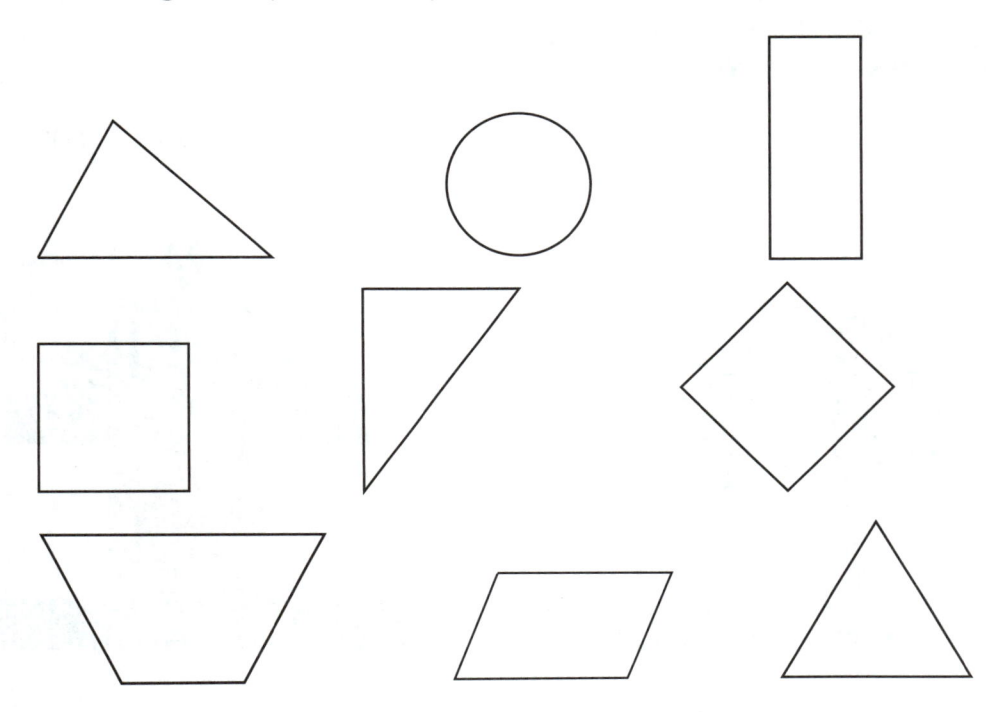

a) Quantos vértices têm as figuras que você circulou?

☐ 3 ☐ 4 ☐ 5

b) Faça um **X** nas figuras com três lados.

c) Qual o nome das figuras geométricas planas com três lados?

_____

Quantos vértices tem cada triângulo?

☐ 3 ☐ 4 ☐ 5

119

Figuras congruentes

Observe a figura.

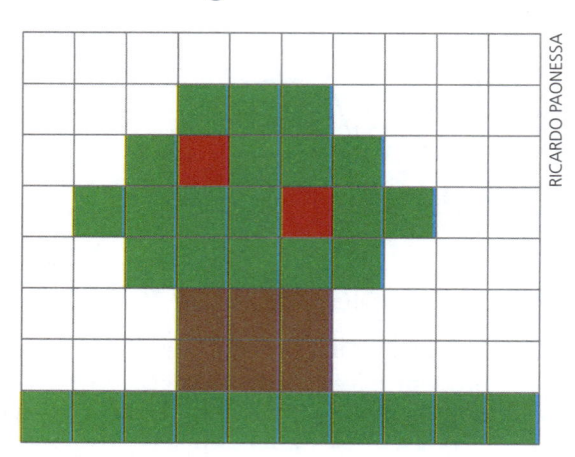

As figuras congruentes são aquelas que apresentam a mesma forma e o mesmo tamanho.

Qual das imagens a seguir é igual à figura apresentada? Marque com um **X**.

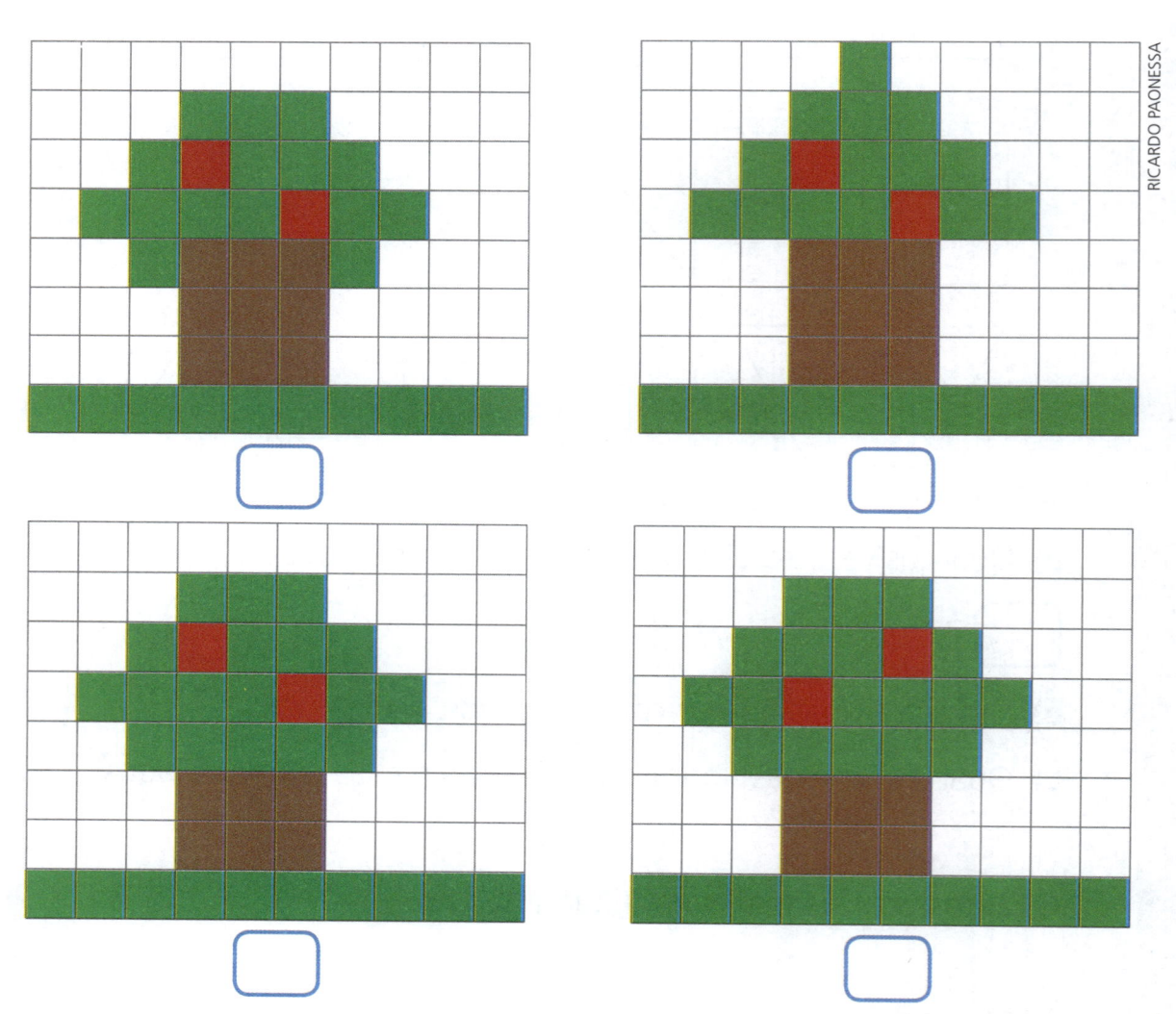

ATIVIDADES

1 Reproduza na malha quadriculada duas vezes o desenho a seguir.

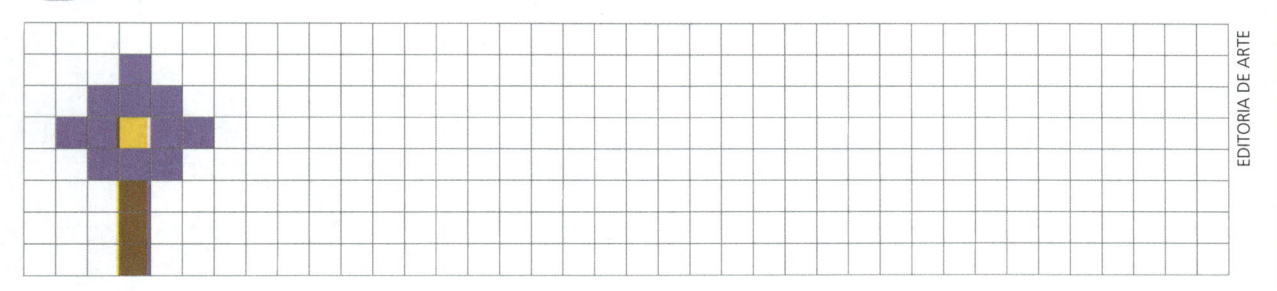

2 Relacione as figuras congruentes.

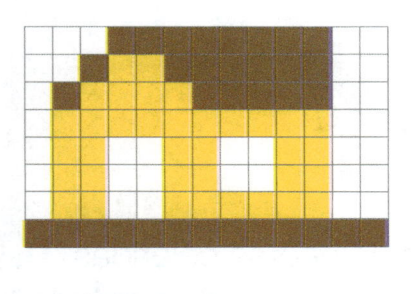

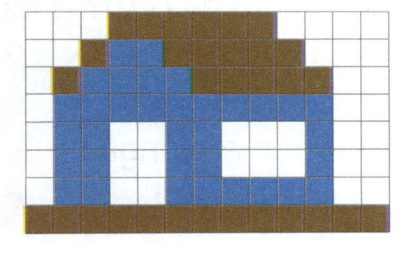

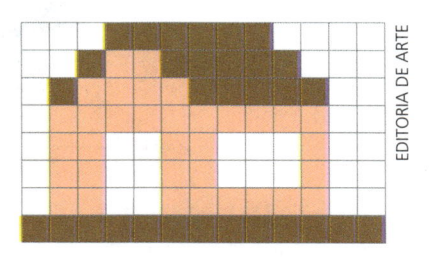

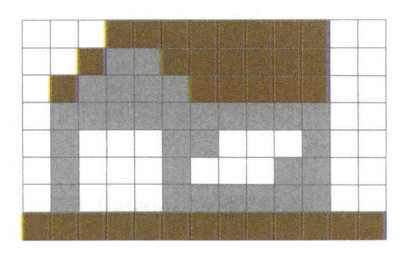

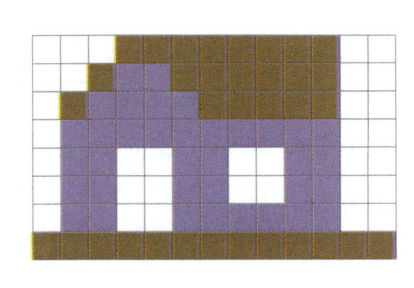

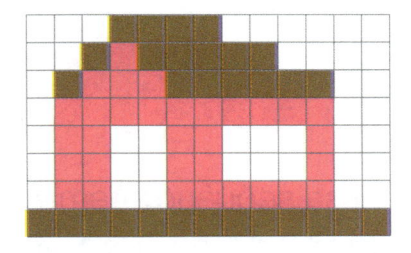

LIÇÃO 12
ÁLGEBRA: SEQUÊNCIA E IGUALDADE

Sequência

Heloisa gosta de fazer artesanato. E gosta também dos padrões matemáticos. Veja o colar que ela fez com fileiras de pedras rosas e amarelas.

- Esse colar é composto por quantas fileiras de pedras coloridas?
- As fileiras estão em ordem crescente ou decrescente de quantidade de pedras?
- A maior fila tem quantas pedras?
- Como a ordem das cores está composta na fileira mais longa? Descreva essa ordem.

> Os elementos que compõem uma sequência são os **termos** da sequência. Esses termos são organizados, a partir do primeiro termo, seguindo uma regra de formação, que chamamos de **padrão** da sequência.

Por exemplo, observe a sequência numérica:

2, 5, 8, 11, 14, 17, 20

Essa sequência tem 7 termos. O primeiro termo é 2. O **padrão** é "**somar 3 ao número anterior**", a partir do número 2.

ATIVIDADES

1 Observe as sequências de números. Descubra os números que faltam e complete.

a) | 45 | 55 | 65 | | 85 | | |

b) | 180 | | 120 | 90 | | | |

c) | 105 | 100 | | 90 | 85 | | |

2 Observe a sequência e complete os termos ausentes.

| 7 849 | 7 859 | 7 869 | | 7 889 | | |

Agora responda:

a) Qual é o primeiro termo? _____

b) Essa sequência é crescente ou decrescente? _____

c) Quantos termos ela tem? _____

d) Qual é o último termo? _____

3 Descreva o padrão de cada sequência de números a seguir.

a) | 1 152 | 1 252 | 1 352 | 1 452 | 1 552 | 1 652 | 1 752 |

_____

b) | 1 135 | 2 140 | 3 145 | 4 150 | 5 155 | 6 160 | 7 165 |

_____

c) | 2 750 | 2 500 | 2 250 | 2 000 | 1 750 | 1 500 | 1 250 |

_____

123

4 Observe as fichas numéricas abaixo.

| 2 500 | 1 900 | 2 350 | 2 200 | 2 650 | 2 050 |

a) Organize os números que estão nas fichas em ordem crescente.

_____

b) Descreva o padrão dessa sequência organizada em ordem crescente.

_____

5 Ligue os pontos a partir do menor número.

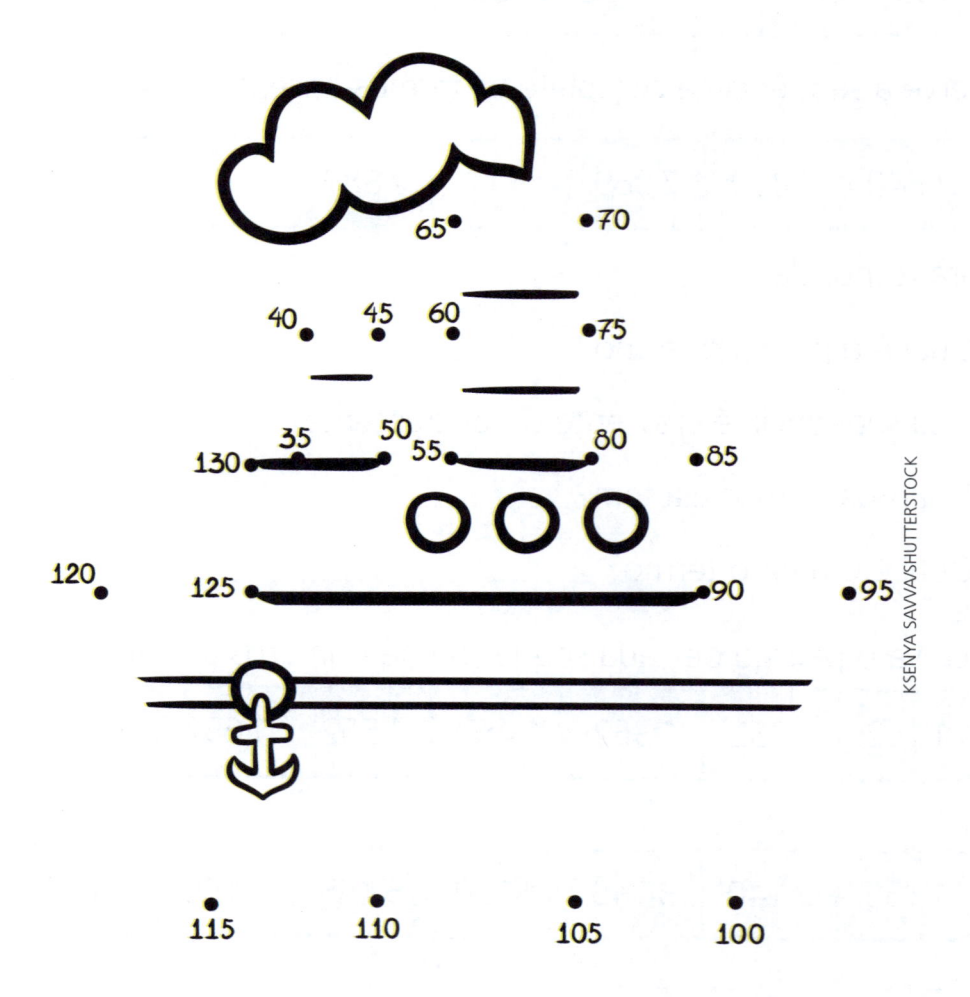

65 70
40 45 60 75
35 50 80 85
130 55
120 125 90 95
115 110 105 100

a) Qual é o menor número dessa sequência? _____

b) Qual é o padrão dessa sequência? _____

Relação de igualdade

Observe as duas situações.

Veja as maçãs no cesto de Joel.

Veja as maçãs no cesto de Guilherme.

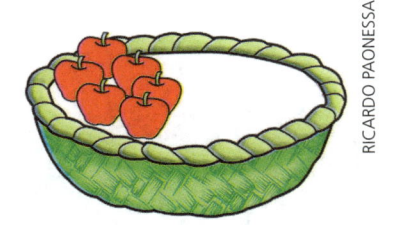

a) Quantas maçãs tem no cesto de Joel? _____

Joel vai colher mais 3 maçãs e colocar no cesto.

b) Desenhe no cesto as maçãs que Joel vai colher.

c) Quantas maçãs tem no cesto? _____

d) Escreva uma adição que represente a quantidade de maçãs no cesto de Joel.

_____ + _____ = _____

a) Quantas maçãs tem no cesto de Guilherme? _____

Guilherme vai colher mais 2 maçãs e colocar no cesto.

b) Desenhe no cesto as maçãs que Guilherme vai colher.

c) Quantas maçãs tem no cesto? _____

d) Escreva uma adição que represente a quantidade de maçãs no cesto de Guilherme.

_____ + _____ = _____

- Converse com os colegas sobre os resultados obtidos nas duas situações.

Agora complete:

$$\underbrace{5 \;+\; \rule{1cm}{0.15mm}}_{\text{primeiro membro da igualdade}} = \underbrace{6 \;+\; \rule{1cm}{0.15mm}}_{\text{segundo membro da igualdade}}$$

A sentença matemática acima representa uma **relação de igualdade**.

125

ATIVIDADES

1 Observe as duas situações.

Suzana comprou uma bandeja com 30 ovos. Ela usou 12 ovos para fazer 4 bolos.

a) Circule na imagem a quantidade de ovos que Suzana usou.

b) Quantos ovos sobraram?

c) Represente quantos ovos sobraram por meio de uma subtração.

_____ − _____ = _____

Túlio comprou uma bandeja de ovos como esta:

a) Quantos ovos tem na bandeja que Túlio comprou?

b) Túlio usou 2 ovos para fazer uma omelete. Circule a quantidade de ovos que ele usou.

c) Quantos ovos sobraram?

d) Represente quantos ovos sobraram por meio de uma subtração.

_____ − _____ = _____

Agora, com base nessa situação, escreva a relação de igualdade:

_____ − _____ = _____ − _____

2 Leia o que as crianças estão dizendo.

Eu tenho esse dinheiro.

E eu tenho esse!

Complete a relação de igualdade que representa a quantia das duas crianças:

_____ + _____ = _____ + _____ + _____

3 Ligue cada soma ao número correspondente.

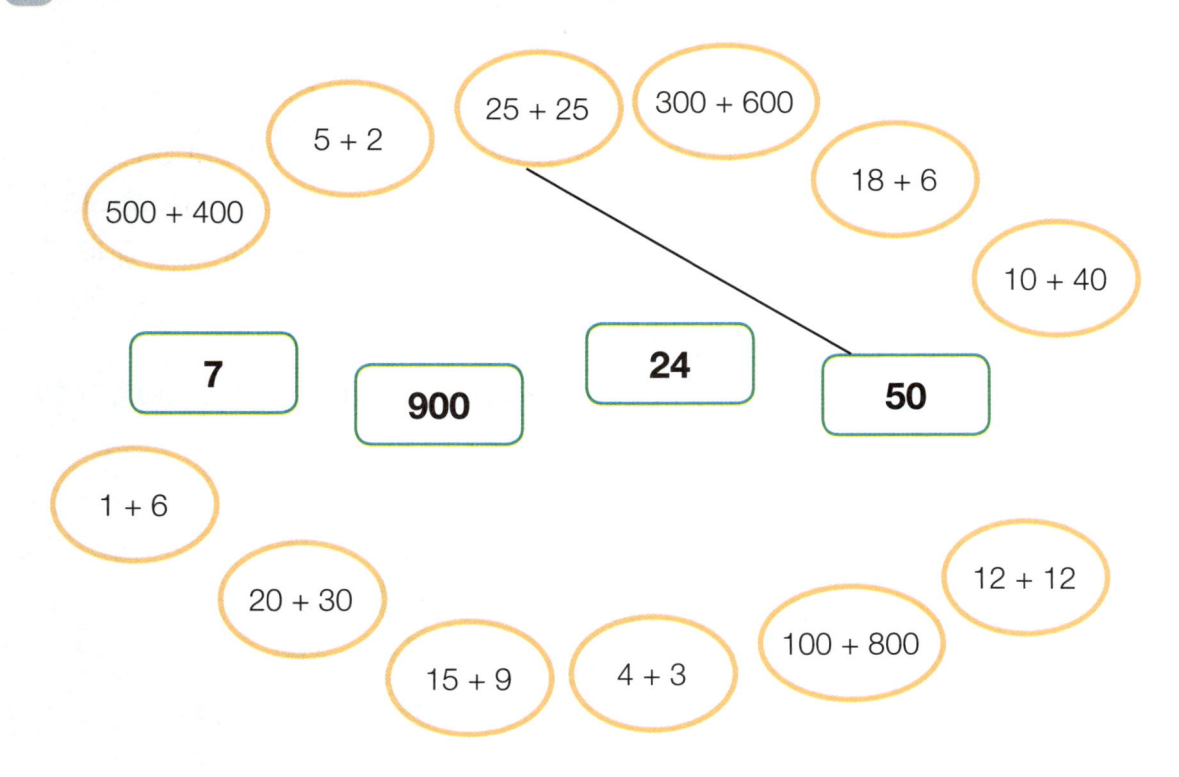

- 5 + 2
- 25 + 25
- 300 + 600
- 500 + 400
- 18 + 6
- 10 + 40
- 1 + 6
- 12 + 12
- 20 + 30
- 100 + 800
- 15 + 9
- 4 + 3

| 7 | 900 | 24 | 50 |

4 Ligue cada diferença ao número correspondente.

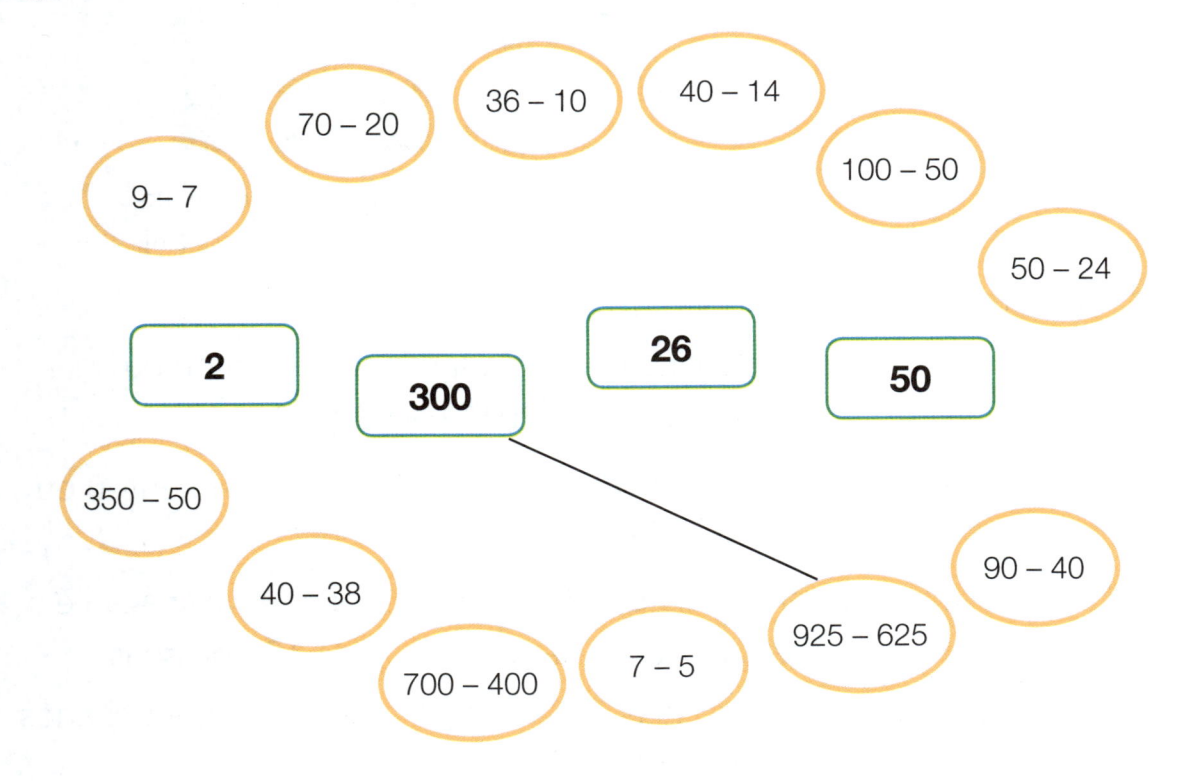

- 70 – 20
- 36 – 10
- 40 – 14
- 9 – 7
- 100 – 50
- 50 – 24
- 350 – 50
- 90 – 40
- 40 – 38
- 925 – 625
- 700 – 400
- 7 – 5

| 2 | 300 | 26 | 50 |

INFORMAÇÃO E ESTATÍSTICA

Cobertura de vacinação no Brasil nos últimos 3 anos

As vacinas existem para proteger as pessoas de várias doenças.

Para que a cobertura de vacinação seja considerada adequada, ela precisa estar acima de 95 por cento (95%). Esse número significa que, em cada 100 pessoas, 95 foram vacinadas. Se essa taxa for menor do que 95, há risco de termos essas doenças de volta.

Observe os gráficos que apresentam a cobertura de vacinação contra sarampo e poliomielite nos 3 últimos anos.

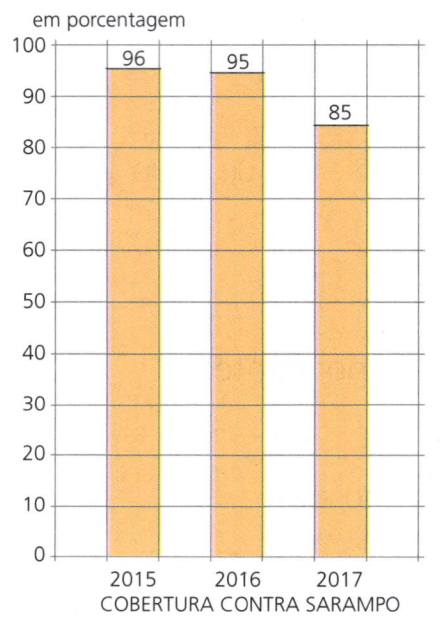

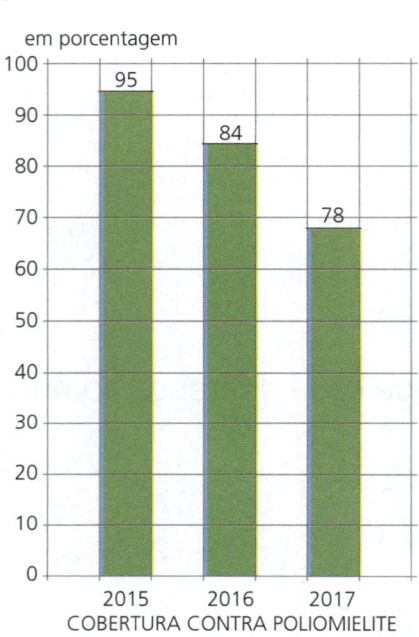

COBERTURA CONTRA SARAMPO (em porcentagem)
- 2015: 96
- 2016: 95
- 2017: 85

COBERTURA CONTRA POLIOMIELITE (em porcentagem)
- 2015: 95
- 2016: 84
- 2017: 78

Fonte: https://bit.ly/2LqGxIN. Acesso em: 18 jul. 2018.

Observe os gráficos e responda.

a) O número de crianças vacinadas contra sarampo aumentou ou diminuiu de 2015 para 2016? E de 2016 para 2017?

b) O número de crianças vacinadas contra poliomielite aumentou ou diminuiu de 2015 para 2017?

c) O número considerado adequado de cobertura para vacinação é de _____ pessoas vacinadas para um total de 100 pessoas.

d) Você tomou todas as vacinas indicadas para crianças de até 5 anos de idade? Pesquise com seus familiares.

13 FRAÇÕES

Metade ou meio

Mariana dividiu um bolo de chocolate em 2 partes iguais e deu uma delas à sua amiga Cláudia.

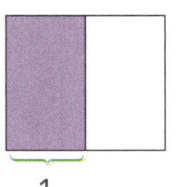

$\frac{1}{2}$

Para achar a **metade** ou **meio**, dividimos o inteiro em 2 partes iguais. Usando números, representamos a metade ou o meio assim: $\frac{1}{2}$, e chamamos essa representação de **fração**.

- O algarismo que fica acima do traço de fração indica o número de partes consideradas de um inteiro.

- O algarismo que fica abaixo do traço de fração indica em quantas partes o inteiro foi dividido.

ATIVIDADES

1 Calcule e complete.

a) A metade de 22 é _____

b) A metade de 60 é _____

c) A metade de 18 é _____

d) A metade de 150 é _____

2 Pinte o que se pede.

a) $\frac{1}{2}$ da pizza

c) $\frac{1}{2}$ do campo de futebol

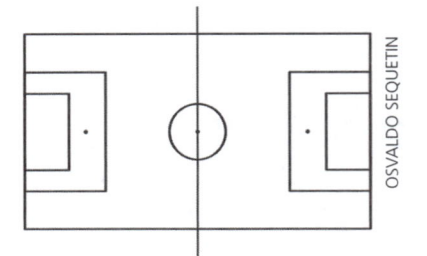

b) $\frac{1}{2}$ de 6 figurinhas

d) $\frac{1}{2}$ do prato

Um terço ou terça parte

Lucas, Pedro e Mateus foram à pizzaria. Escolheram 1 *pizza* de muçarela e pediram ao garçom para dividi-la em 3 partes iguais.

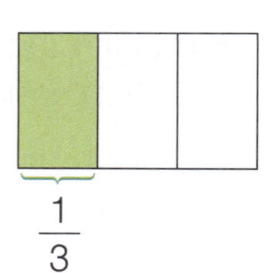

Para obter **um terço** ou a **terça parte**, dividimos o inteiro por 3, igualmente. Um terço ou terça parte é cada uma das 3 partes iguais em que se divide o inteiro.

Representamos um terço ou a terça parte assim: $\frac{1}{3}$.

$\frac{1}{3}$ lê-se: um terço.

- O algarismo que fica acima do traço de fração indica o número de partes consideradas de um inteiro. Nesse caso, apenas uma das partes.

- O algarismo que fica abaixo do traço de fração indica em quantas partes o inteiro está dividido. No caso, o inteiro foi dividido por 3.

ATIVIDADES

1 Calcule e complete.

a) A terça parte de 12 é _____.

b) A terça parte de 24 é _____.

c) A terça parte de 48 é _____.

d) A terça parte de 90 é _____.

2 Pinte as figuras conforme o resultado das divisões.

a) um terço de 12

12 ÷ 3 = _____

b) um terço de 9

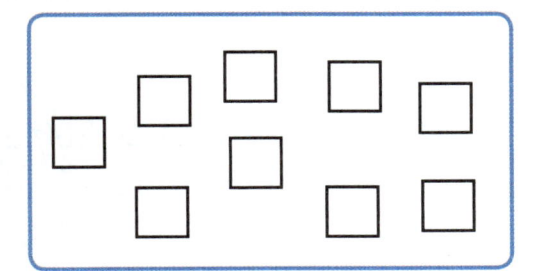

9 ÷ 3 = _____

c) um terço de 6

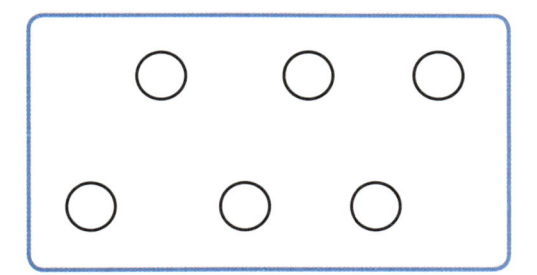

6 ÷ 3 = _____

d) um terço de 15

15 ÷ 3 = _____

Um quarto ou quarta parte

Luciana e mais 3 amigas fizeram um pão caseiro e o repartiram igualmente entre as 4.

Para obter **um quarto** ou **quarta parte**, dividimos o inteiro por 4.

Um quarto ou quarta parte é cada uma das 4 partes iguais em que se divide o inteiro.

Representamos um quarto ou quarta parte assim: $\frac{1}{4}$.

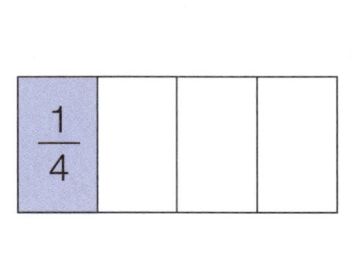

$\frac{1}{4}$ lê-se: um quarto.

- O algarismo que fica acima do traço de fração indica o número de partes consideradas de um inteiro. No caso, apenas uma das partes.

- O algarismo que fica abaixo do traço de fração indica em quantas partes o inteiro está dividido. No caso, o inteiro foi dividido por 4.

ATIVIDADES

1 Calcule para completar.

a) A quarta parte de 16 é _____

b) A quarta parte de 20 é _____

c) A quarta parte de 84 é _____

d) A quarta parte de 420 é _____

e) A quarta parte de 160 é _____

f) A quarta parte de 200 é _____

2 Complete as frases a seguir. Utilize o espaço para fazer os cálculos.

a) Um quarto de 12 cadeiras é igual a ___ cadeiras.

b) Um quarto de 24 limões é igual a ___ limões.

c) Um quarto de 128 bolas é igual a ___ bolas.

d) Um quarto de 452 alunos é igual a ____ alunos.

3 Os círculos abaixo representam alimentos. Observe como eles foram repartidos.

	1 bolo para 2 crianças	Grupo A
	1 torta para 4 crianças	Grupo B
	1 pizza para 3 crianças	Grupo C

a) Que parte cada criança recebeu?

Grupo A: _____ Grupo B: _____ Grupo C: _____

b) Quem recebeu a parte maior? Por quê? _____

_____

c) O que aconteceria se a torta repartida fosse dada às crianças do Grupo A? Que parte cada criança receberia?

_____

d) E se a *pizza* repartida fosse dada às crianças do Grupo B?

_____

Um quinto ou quinta parte

Pedro fez uma torta de vegetais para dividir igualmente entre ele e mais 4 amigos.

Para obter **um quinto** ou **quinta parte**, dividimos o inteiro por 5, igualmente.

Um quinto ou quinta parte é cada uma das 5 partes iguais em que se divide o inteiro.

Representamos um quinto ou quinta parte assim: $\frac{1}{5}$.

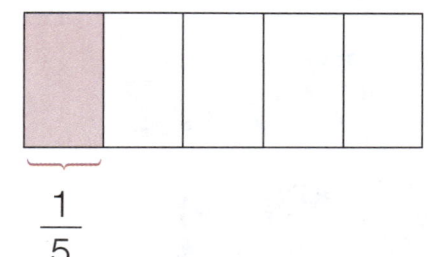

$\frac{1}{5}$ lê-se: um quinto.

- O algarismo que fica acima do traço de fração indica o número de partes consideradas de um inteiro. No caso, apenas uma das partes.
- O algarismo que fica abaixo do traço de fração indica em quantas partes o inteiro está dividido. No caso, o inteiro foi dividido por 5.

ATIVIDADES

1 Calcule e complete.

a) A quinta parte de 5 é ____.

b) A quinta parte de 15 é ____.

c) A quinta parte de 30 é ____.

d) A quinta parte de 50 é ____.

Um décimo ou décima parte

Leonardo fez 1 lasanha para um almoço com sua família. Ele fez uma grande travessa de modo que 10 pessoas pudessem se servir igualmente.

Para obter **um décimo** ou **décima parte**, dividimos o inteiro por 10, igualmente.

Um décimo é cada uma das 10 partes iguais em que se divide o inteiro.

Representamos um décimo ou décima parte assim: $\frac{1}{10}$.

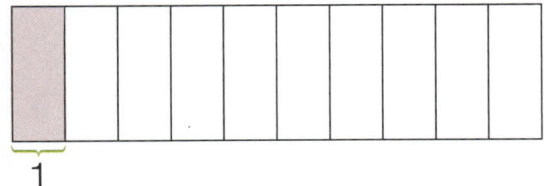

$\frac{1}{10}$ lê-se: um décimo.

- O algarismo que fica acima do traço de fração indica o número de partes consideradas de um inteiro. No caso, apenas uma das partes.
- O algarismo que fica abaixo do traço de fração indica em quantas partes o inteiro está dividido. No caso, o inteiro foi dividido por 10.

ATIVIDADES

1 Calcule e complete.

a) A décima parte de 10 é _____.

b) A décima parte de 30 é _____.

c) A décima parte de 100 é _____.

d) A décima parte de 500 é _____.

2 Em cada caso, pinte o que se pede.

a) a quinta parte dos lápis

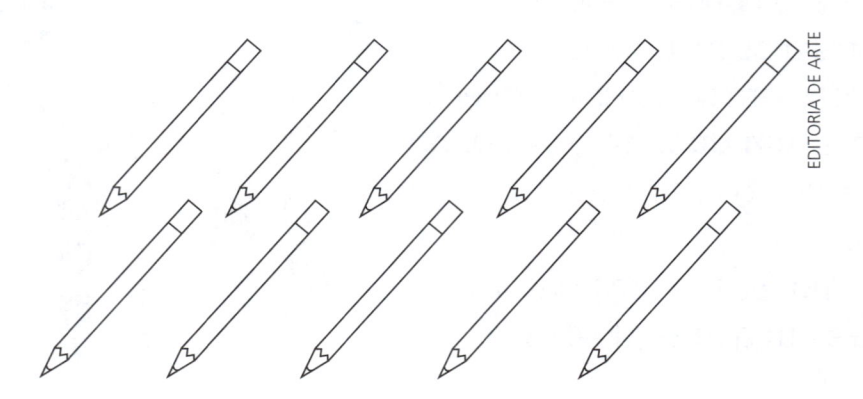

b) a quinta parte do retângulo

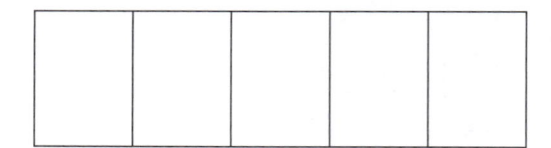

3 Em cada caso, pinte o que se pede.

a) a décima parte dos peixes

b) a décima parte das maçãs

PROBLEMAS

1 Ana tem a terça parte de 66 papéis de carta, e Dani tem a quarta parte de 48 papéis de carta. Quantos papéis de carta as duas têm juntas?

Cálculo

Resposta: _____

2 Para enfeitar a árvore de Natal, usamos a terça parte de 180 bolas douradas. Quantas bolas douradas tem nossa árvore?

Cálculo

Resposta: _____

3 Em uma estante há 288 livros. A metade dos livros é de Matemática. Quantos livros não são de Matemática?

Cálculo

Resposta: _____

4 A décima parte de uma horta foi destruída por uma enxurrada. Na horta havia 30 canteiros. Quantos canteiros foram destruídos pela enxurrada?

Cálculo

Resposta: _____

5 Para enfeitar um salão, já colocamos a quarta parte de 160 balões. Quantos balões ainda faltam colocar?

Cálculo

Resposta: _____

6 Em uma cesta havia 96 laranjas. O feirante vendeu um terço delas. Quantas laranjas ele vendeu?

Cálculo

Resposta: _____

7 De 3 dúzias de ovos, a metade quebrou. Quantos ovos ficaram?

Cálculo

Resposta: _____

8 Uma peça de tecido tem 36 metros. A costureira utilizou um quarto dela. Quantos metros de tecido sobraram?

Cálculo

Resposta: _____

DESAFIO

1 Acompanhe as indicações das setas e complete o caminho.

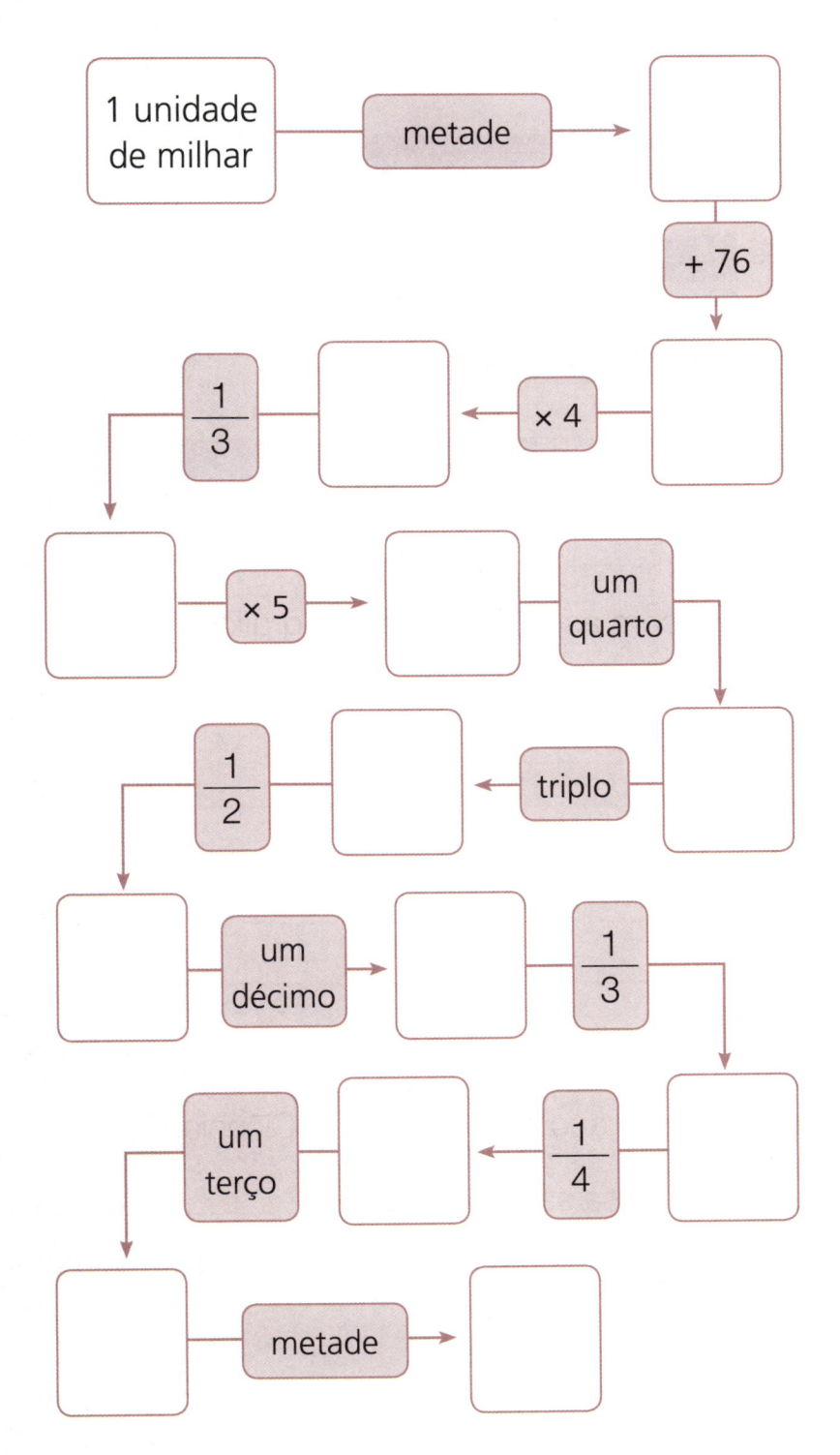

1 unidade de milhar → metade → ☐ → + 76 → ☐ → × 4 → ☐ → 1/3 → ☐ → × 5 → ☐ → um quarto → ☐ → triplo → ☐ → 1/2 → ☐ → um décimo → ☐ → 1/3 → ☐ → 1/4 → ☐ → um terço → ☐ → metade → ☐

INFORMAÇÃO E ESTATÍSTICA

A professora do 3º ano pediu que os alunos escolhessem um tema para apresentarem na Feira de Ciências. Cada aluno votou em um tema. Observe o resultado da votação no gráfico.

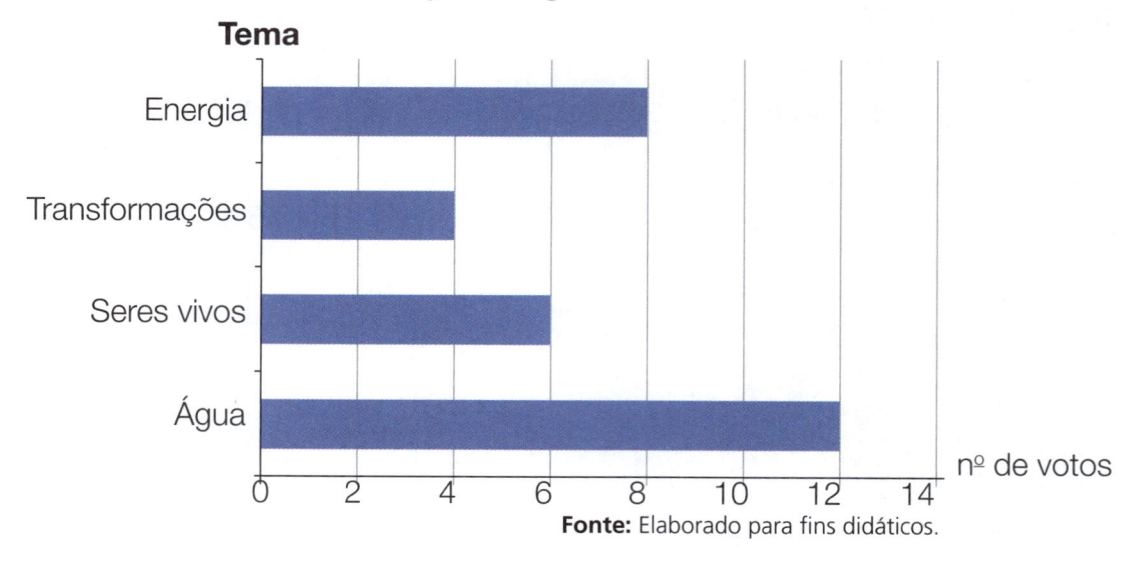

Tema

- Energia: 8
- Transformações: 4
- Seres vivos: 6
- Água: 12

nº de votos

Fonte: Elaborado para fins didáticos.

Complete a tabela com as informações do gráfico.

Tema do 3º ano para a Feira de Ciências	
Temas	Votos
Energia	8

Qual será o tema do 3º ano para a Feira de Ciências? _____

Quantos alunos há nessa sala de 3º ano? _____

Comparando os votos do tema Energia e do tema Transformações, o que se pode concluir?

_____

_____

EU GOSTO DE APRENDER MAIS

1 Leia o problema a seguir.

> Uma peça de teatro foi divulgada na escola. No dia da exibição, um quinto do auditório ficou vazio. O auditório comportava 150 pessoas. Quantos alunos compareceram a essa peça de teatro?

a) Há dados numéricos nesse problema que não são necessários para a resolução? _____

_____

b) Quais são as ideias matemáticas que estão envolvidas no problema?

_____

_____

c) Agora, resolva o problema.

Resposta: _____

2 Um problema foi iniciado. Complete-o utilizando uma ideia de fração.

Mirela arrecada agasalhos para instituições carentes. Ela já arrecadou 120 agasalhos.

_____

_____

- Troque o problema que você criou com um colega e resolva o problema elaborado por ele.

LIÇÃO 14 — MEDIDAS DE TEMPO

As horas

Muitos instrumentos foram inventados para medir o tempo.

Relógio de sol.

Ampulheta.

Nos dias atuais, é possível vermos a hora em diversos meios.

Telefone celular.

Radiorrelógio.

Relógio de pulso.

Relógio de rua.

Quanto ao modo de mostrar as horas, os relógios podem ter mostradores de ponteiros ou mostradores com dígitos.

Relógio de ponteiros.

Relógio digital.

O tempo pode ser medido em **horas**, **minutos**, **segundos**. Veja as relações:

- Um dia tem 24 horas.
- Uma hora tem 60 minutos.
- Meia hora tem 30 minutos.
- Um quarto de hora tem 15 minutos.
- Um minuto tem 60 segundos.

Você sabe ver as horas em um relógio digital?

Esse relógio marca 9 horas e 45 minutos.

São 14 horas e 23 minutos.

Veja como se leem as horas a partir do meio-dia.

143

A PARTIR DO MEIO-DIA	
1 hora → 13 horas	7 horas → 19 horas
2 horas → 14 horas	8 horas → 20 horas
3 horas → 15 horas	9 horas → 21 horas
4 horas → 16 horas	10 horas → 22 horas
5 horas → 17 horas	11 horas → 23 horas
6 horas → 18 horas	12 horas → 24 horas

Então posso dizer que 14 horas e 35 minutos é o mesmo que 2 horas e 35 minutos da tarde.

E como se leem as horas em um relógio de ponteiros?
Observe o relógio.
Ele indica 4 horas da tarde.
O ponteiro pequeno aponta para o 4.
Ele marca as **horas**.
O ponteiro grande aponta para o 12.
Ele marca os **minutos**.
Quando o ponteiro grande aponta para o número 12, as horas são exatas.

Agora, observe este outro relógio.
Ele indica 4 horas e meia, ou 4 horas e 30 minutos.
O ponteiro pequeno está entre o 4 e o 5. Ele marca as **horas**.
O ponteiro grande aponta para o 6.
Ele marca os **minutos**.
Quando o ponteiro grande aponta para o número 6, temos meia hora, ou 30 minutos.

Os minutos

Observe os relógios de ponteiros.

1 3 horas.

2 3 horas e 5 minutos.

3 4 horas.

- Do relógio **1** ao **2**, passaram-se 5 minutos. Observe que o ponteiro grande se deslocou do 12 ao 1. Cada espaço entre os risquinhos vale 1 minuto.

- Do relógio **1** ao **3**, passaram-se 60 minutos ou 1 hora, pois o ponteiro grande deu uma volta inteira, retornando ao 12. Conte os risquinhos para conferir.

Em **1 hora** temos **60 minutos**.

LEIA MAIS

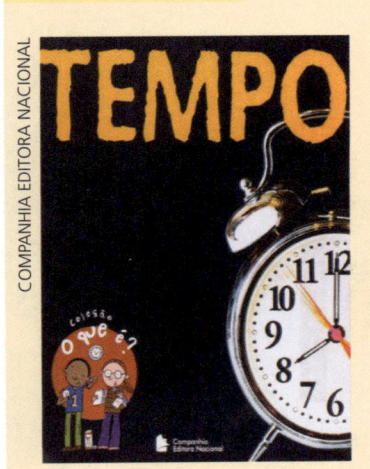

Tempo

Philippe Nessmann. São Paulo: Companhia Editora Nacional, 2006.

Todo mundo fala do tempo que passa. Mas ninguém pode realmente dizer o que ele é. É possível voltar ao passado? Como ver as horas com o Sol? Por que o ano tem 365 dias? Realize as experiências propostas com a Clementina e o Jonas e esse estranho fenômeno não terá mais segredos para você.

ATIVIDADES

1 Observe os relógios e diga que horas são.

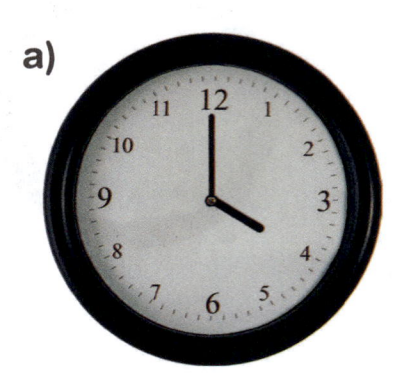

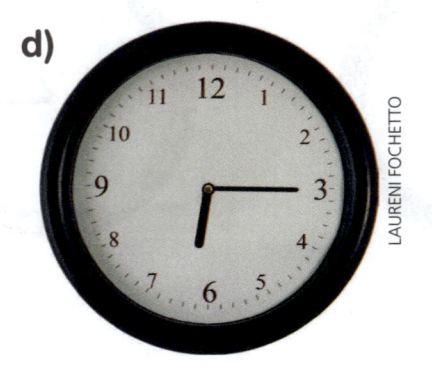

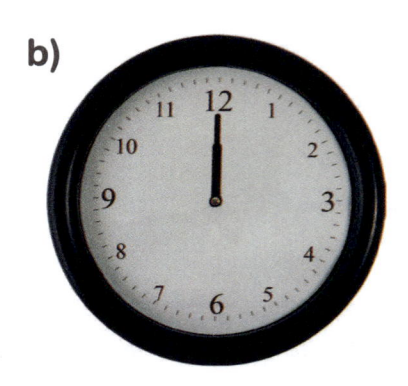

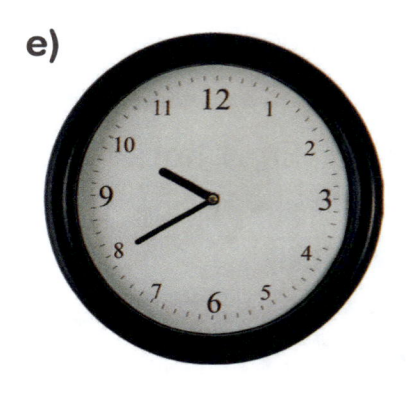

a)

d)

b)

e)

c) 2:37

f) 1:23

2 Represente em um relógio de ponteiros os horários em que você:

acorda

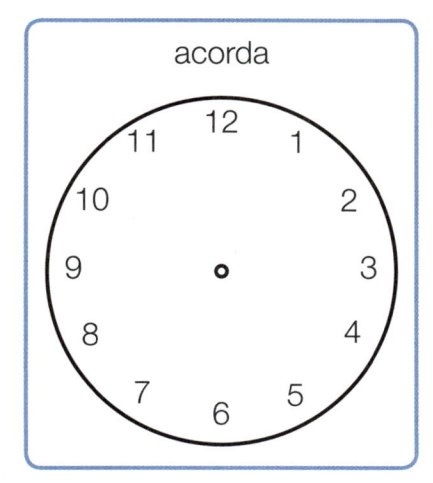

vai à escola

almoça

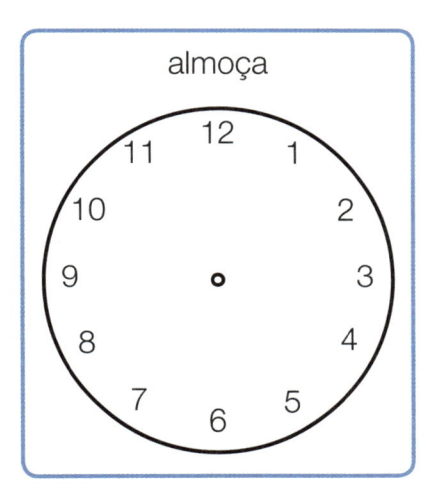

janta

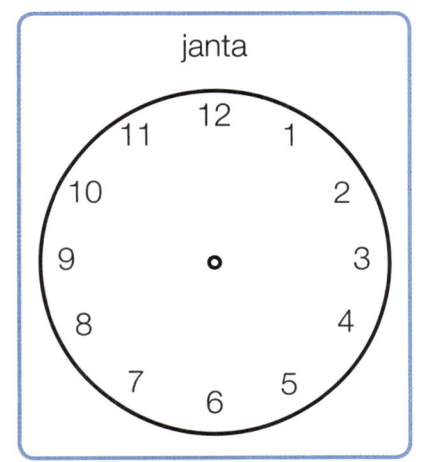

brinca com os amigos

vai dormir

O calendário

No calendário são representados os dias, as semanas e os meses de determinado ano. Usamos o dia, a semana, o mês e o ano para contar o tempo.

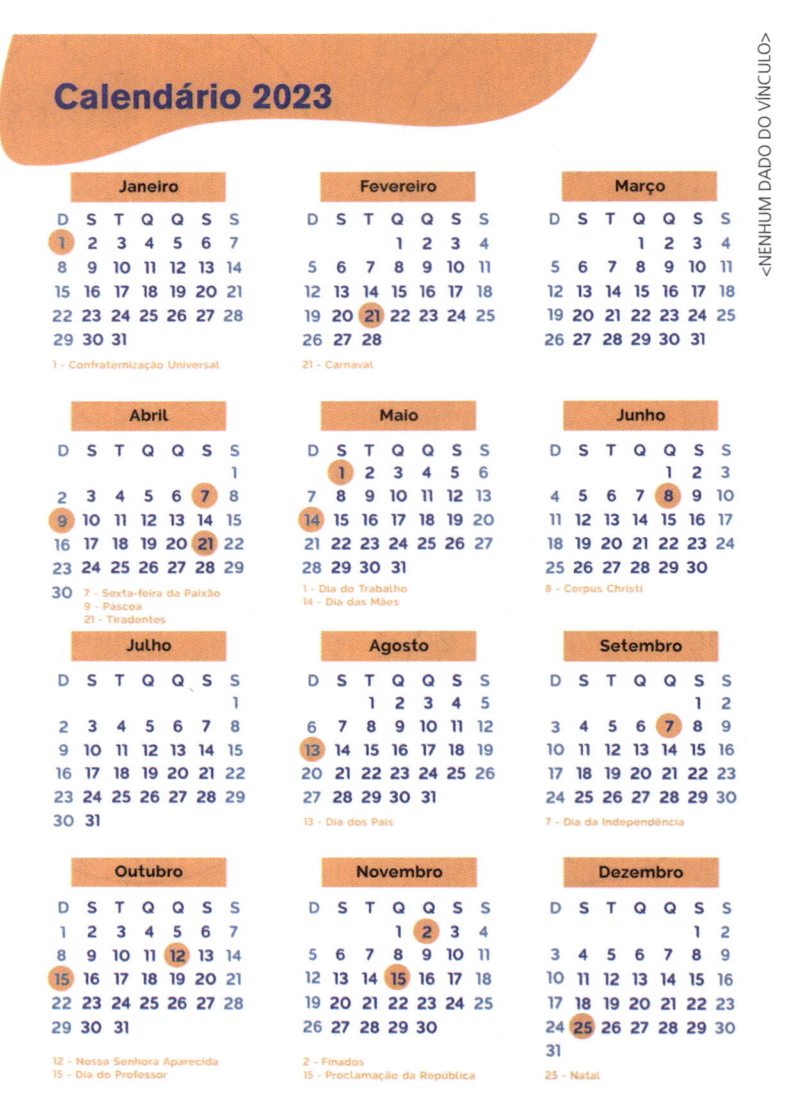

Calendário 2023

Janeiro
D	S	T	Q	Q	S	S
1	2	3	4	5	6	7
8	9	10	11	12	13	14
15	16	17	18	19	20	21
22	23	24	25	26	27	28
29	30	31				

1 - Confraternização Universal

Fevereiro
D	S	T	Q	Q	S	S
			1	2	3	4
5	6	7	8	9	10	11
12	13	14	15	16	17	18
19	20	**21**	22	23	24	25
26	27	28				

21 - Carnaval

Março
D	S	T	Q	Q	S	S
			1	2	3	4
5	6	7	8	9	10	11
12	13	14	15	16	17	18
19	20	21	22	23	24	25
26	27	28	29	30	31	

Abril
D	S	T	Q	Q	S	S
						1
2	3	4	5	6	**7**	8
9	10	11	12	13	14	15
16	17	18	19	20	**21**	22
23	24	25	26	27	28	29
30						

7 - Sexta-feira da Paixão
9 - Páscoa
21 - Tiradentes

Maio
D	S	T	Q	Q	S	S
	1	2	3	4	5	6
7	8	9	10	11	12	13
14	15	16	17	18	19	20
21	22	23	24	25	26	27
28	29	30	31			

1 - Dia do Trabalho
14 - Dia das Mães

Junho
D	S	T	Q	Q	S	S
				1	2	3
4	5	6	7	**8**	9	10
11	12	13	14	15	16	17
18	19	20	21	22	23	24
25	26	27	28	29	30	

8 - Corpus Christi

Julho
D	S	T	Q	Q	S	S
						1
2	3	4	5	6	7	8
9	10	11	12	13	14	15
16	17	18	19	20	21	22
23	24	25	26	27	28	29
30	31					

Agosto
D	S	T	Q	Q	S	S
		1	2	3	4	5
6	7	8	9	10	11	12
13	14	15	16	17	18	19
20	21	22	23	24	25	26
27	28	29	30	31		

13 - Dia dos Pais

Setembro
D	S	T	Q	Q	S	S
					1	2
3	4	5	6	**7**	8	9
10	11	12	13	14	15	16
17	18	19	20	21	22	23
24	25	26	27	28	29	30

7 - Dia da Independência

Outubro
D	S	T	Q	Q	S	S
1	2	3	4	5	6	7
8	9	10	11	**12**	13	14
15	16	17	18	19	20	21
22	23	24	25	26	27	28
29	30	31				

12 - Nossa Senhora Aparecida
15 - Dia do Professor

Novembro
D	S	T	Q	Q	S	S
			1	**2**	3	4
5	6	7	8	9	10	11
12	13	14	**15**	16	17	18
19	20	21	22	23	24	25
26	27	28	29	30		

2 - Finados
15 - Proclamação da República

Dezembro
D	S	T	Q	Q	S	S
					1	2
3	4	5	6	7	8	9
10	11	12	13	14	15	16
17	18	19	20	21	22	23
24	**25**	26	27	28	29	30
31						

25 - Natal

Observando o calendário, podemos fazer algumas descobertas.

- O **ano** tem **12 meses**: janeiro, fevereiro, março, abril, maio, junho, julho, agosto, setembro, outubro, novembro e dezembro.

- A **semana** tem **7** dias: domingo, segunda-feira, terça-feira, quarta--feira, quinta-feira, sexta-feira e sábado. Lembre-se: o primeiro dia da semana é o domingo.

- Há meses que têm 30 dias, outros têm 31.

- Fevereiro tem 28 dias e, de **4** em **4** anos, tem 29 dias. O ano em que fevereiro tem 29 dias é chamado de **ano bissexto**.

- Um ano bissexto tem 366 dias.

- Os 6 primeiros meses do ano formam o **1º semestre**.

- Os 6 últimos meses do ano formam o **2º semestre**.

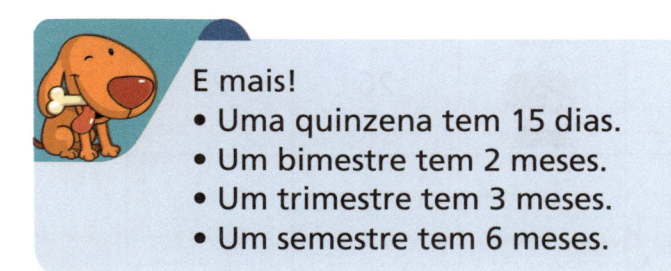

E mais!
- Uma quinzena tem 15 dias.
- Um bimestre tem 2 meses.
- Um trimestre tem 3 meses.
- Um semestre tem 6 meses.

ATIVIDADES

1 Complete os quadros.

QUANTOS MESES HÁ EM	
1 ano e meio	
2 anos	
4 anos	

QUANTAS SEMANAS HÁ EM	
14 dias	
21 dias	
42 dias	

2 Observe o calendário a seguir com o mês de abril de 2023.

Domingo	Segunda	Terça	Quarta	Quinta	Sexta	Sábado
						1
2	3	4	Pedro 5	6	7	Ivan 8
9	10	11	12	13	Camila 14	15
Bete 16	17	18	19	20	21	22
23	24	Ana 25	26	27	28	29
30						

Agora, responda:

a) Em que dia do mês Camila faz aniversário? _____

b) Em que dia da semana Ivan faz aniversário? _____

c) Escreva o dia da semana em que Ana faz aniversário. _____

d) Qual é o nome da criança que aniversaria antes do dia 6? _____

e) Quem faz aniversário no dia 16? _____

f) Pesquise entre os colegas da sua turma quem faz aniversário em abril e escreva. _____

g) Qual é o dia da semana de que você mais gosta? Por quê?
_____

PROBLEMAS

1 Trabalhei os meses de abril, maio e junho na reforma de uma casa. Quantos dias durou essa reforma?

Resposta: _____

2 Fábio chegou ao consultório médico às 15 horas e 45 minutos. Ele chegou com 45 minutos de atraso. A que horas Fábio deveria ter chegado ao consultório médico para que não se atrasasse?

Resposta: _____

3 Quantas quinzenas tem um bimestre?

Resposta: _____

4 Márcio fez uma viagem que durou 4 horas. Ele saiu às 2 horas da tarde. A que horas Márcio chegou?

Resposta: _____

PARA SE DIVERTIR

Para responder corretamente a quais meses do ano têm 31 dias, siga esta sugestão:

- Feche as mãos: observe os ossinhos que aparecem e o espaço entre eles.
- Comece apontando o osso do dedo mindinho de qualquer uma das mãos: dê-lhe o nome do mês de janeiro. O espaço seguinte é fevereiro; o ossinho que vem a seguir é março e assim por diante. Veja a figura.
- Quando houver ossinho, o mês tem 31 dias; o mês que cai no espaço entre os ossos tem 30 dias.

Atenção! O mês de fevereiro cai no espaço entre os ossinhos, mas não tem 30 dias! Tem 28 ou 29 dias.

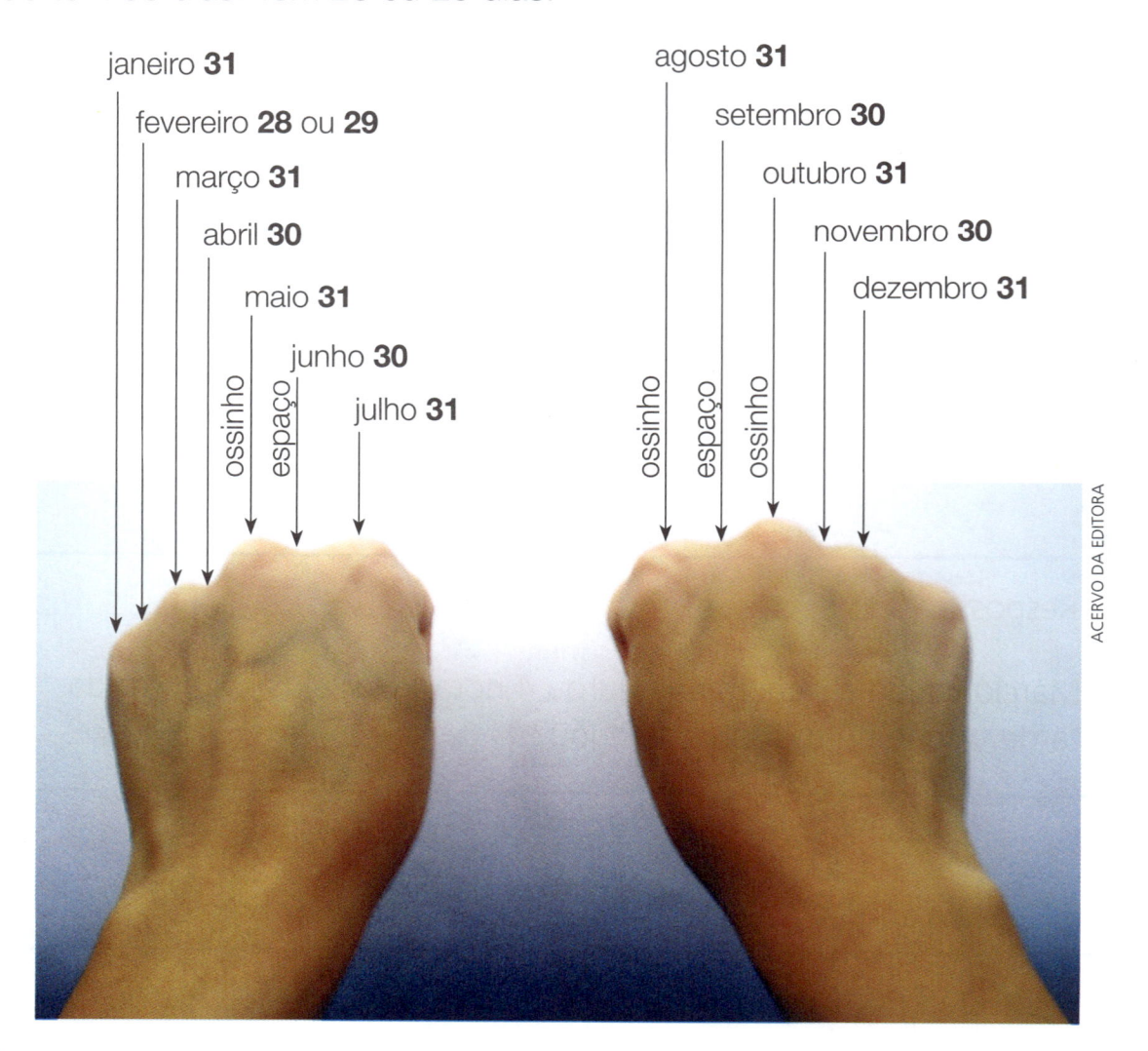

janeiro **31**
fevereiro **28** ou **29**
março **31**
abril **30**
maio **31**
junho **30**
julho **31**
agosto **31**
setembro **30**
outubro **31**
novembro **30**
dezembro **31**

15 MEDIDAS DE COMPRIMENTO

Comprimento

Observe alguns instrumentos utilizados para medir comprimento.

Fita métrica.

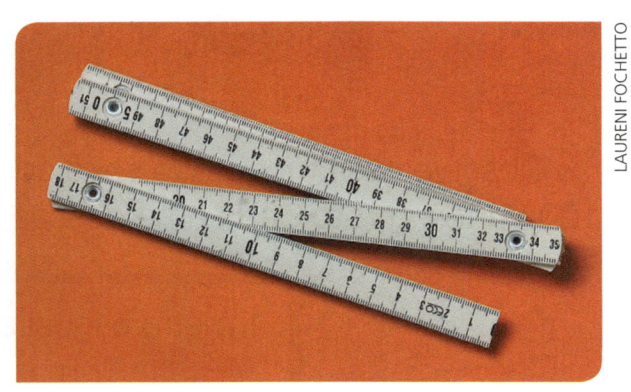

Metro articulado.

Trena.

Escalímetro para desenho técnico.

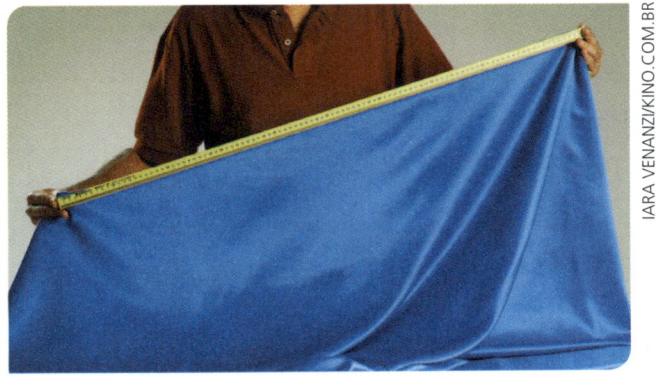

Metro rígido.

Metro e centímetro

O **metro** é a unidade fundamental de medida de comprimento.

Dele derivam outras unidades de medida: o **centímetro**, o **milímetro**, o **quilômetro** etc.

No Almanaque, página 227, você vai encontrar uma régua para montar. É uma régua que, montada, medirá 100 centímetros, ou seja, 1 metro.

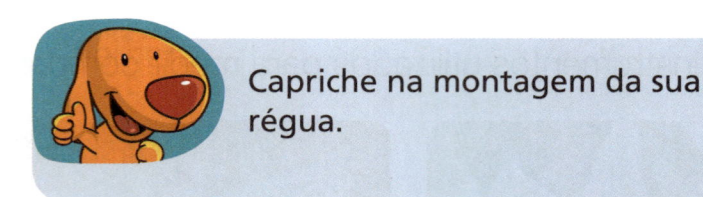

> Capriche na montagem da sua régua.

Observe esse metro que você construiu. Ele está dividido em 100 partes iguais. Cada uma dessas partes é chamada centímetro.

> 1 metro é igual a 100 centímetros
> 1 m = 100 cm

O símbolo que representa o metro é **m**.
O símbolo que representa o centímetro é **cm**.
Um exemplo de instrumento com a unidade centímetro é a régua escolar.

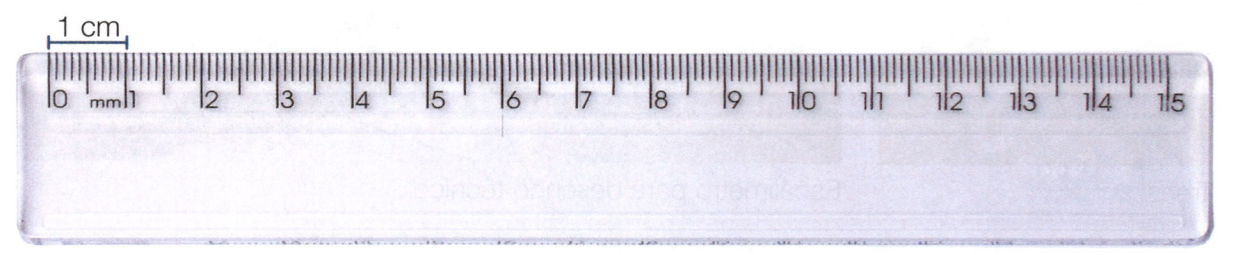

Para medir distâncias maiores, como a de uma cidade a outra, usamos uma unidade chamada quilômetro.

O símbolo que representa o quilômetro é **km**.

> Metro, centímetro e quilômetro são as unidades de medida de comprimento mais usadas.

ATIVIDADES

1 Utilizando sua régua escolar ou o metro que você montou, descubra as medidas solicitadas. Lembre-se de que a resposta pode ser dada em centímetro ou metro, dependendo do que você achar mais apropriado para a ocasião.

a) Comprimento do seu lápis: _____

b) Altura de sua carteira da sala de aula: _____

c) Sua altura: _____

d) Comprimento de sua mão: _____

e) Comprimento de seu braço: _____

f) Largura do quadro de giz: _____

g) Comprimento da mesa da professora: _____

2 Observe e responda.

Davi   José   Henrique   Bruna   Sofia

NOTIONPIC/SHUTTERSTOCK

- Quem é o mais alto: Henrique ou José? _____

- Quem é a criança mais baixa: Davi ou Bruna? _____

- Bruna é mais baixa do que Henrique ou do que Sofia? _____

- Entre Sofia, Davi e José, quem é o mais alto? _____

- Quem é mais alta: Bruna ou Sofia? _____

155

3 Pesquise e faça uma lista de objetos que compramos por metro.

_____

_____

_____

_____

4 Sabendo que 1 metro é igual a 100 centímetros, escreva quanto falta para completar 1 metro.

a) 20 cm + ☐ → 1 metro

b) 38 cm + ☐ → 1 metro

c) 60 cm + ☐ → 1 metro

d) 80 cm + ☐ → 1 metro

e) 42 cm + ☐ → 1 metro

f) 50 cm + ☐ → 1 metro

5 Quanto mede cada um dos lápis? Observe o gráfico e complete.

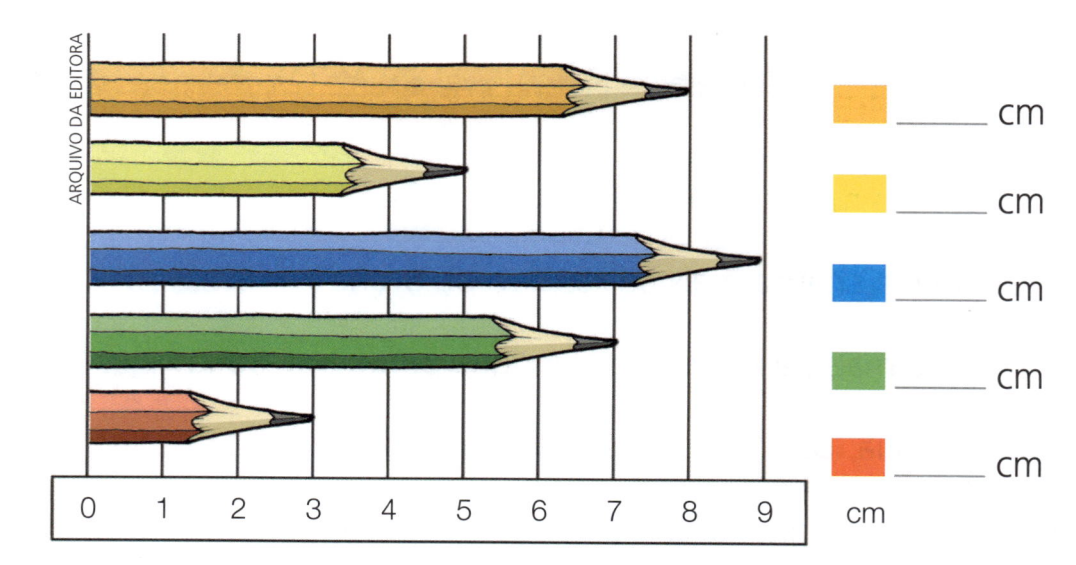

☐ _____ cm

☐ _____ cm

☐ _____ cm

☐ _____ cm

☐ _____ cm

6 Agora, os lápis estão ordenados do maior para o menor. Escreva quanto mede cada um e pinte com a cor correspondente.

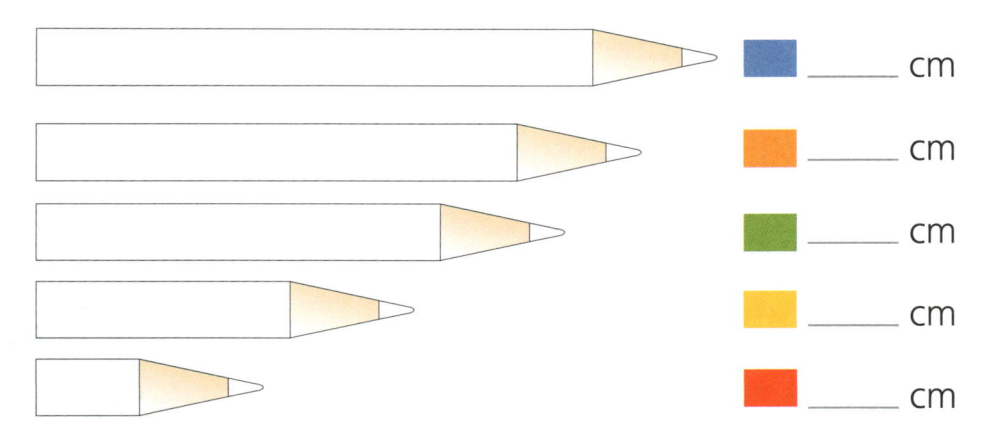

■ _____ cm

■ _____ cm

■ _____ cm

■ _____ cm

■ _____ cm

7 A figura nos mostra a altura de três crianças, em centímetros.

142 cm — Clara
137 cm — João
158 cm — Renato

a) A criança mais alta é _____.

b) A diferença entre as alturas de Clara e João é de _____ centímetros.

c) Renato é _____ centímetros mais alto do que João.

d) Clara é _____ centímetros mais baixa do que Renato.

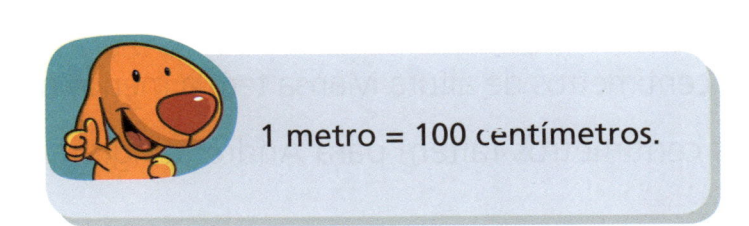

1 metro = 100 centímetros.

8 Confira no quadro a altura destas pessoas. As medidas estão em metros e em centímetros.

LUÍS	MARISA	ANDRÉ	CARLA
180 cm	170 cm	150 cm	190 cm
1 m 80 cm	1 m 70 cm	1 m 50 cm	1 m 90 cm

Luís Marisa André Carla

Observando o quadro, faça o que se pede:

a) Quem tem altura entre 1 m 70 cm e 1 m 90 cm? _____

b) Escreva a altura em centímetros da pessoa mais alta. _____

c) Eu tenho acima de 150 cm e menos que 1 m 80 cm de altura. Quem sou eu? _____

d) Quantos centímetros de altura Marisa tem a menos do que Carla? _____

e) Quantos centímetros faltam para André atingir a mesma altura de Luís? _____

DESAFIO

1. Observe esta imagem. O pai mede 1 m e 80 cm. Qual você acha que deve ser a altura do filho? Faça uma estimativa.

2. Carlos segura um bastão de 2 metros de comprimento, como mostra a figura a seguir.

A altura aproximada de Carlos é:
(a) menor que 80 centímetros.
(b) entre 51 e 130 centímetros.
(c) entre 131 e 180 centímetros.
(d) maior que 180 centímetros.

EU GOSTO DE APRENDER MAIS

1 Leia o problema.

Os 4 amigos estavam na praia. A foto despertou neles o interesse de compararem suas alturas. Caio e Daniel têm a mesma altura. Alícia tem 10 cm a menos do que Daniel, e Bela tem 5 cm a menos do que Alícia, que, por sua vez, tem 1 m e 70 cm. Qual é a altura dos meninos?

a) Há dados numéricos nesse problema que não são necessários para a resolução? _____

b) Quais ideias estão envolvidas nesse problema? Faça um **X**.

( ) Comparação   ( ) Medidas de comprimento

( ) Padrão geométrico

c) Que operações você utilizaria para resolver esse problema? _____

d) Agora resolva o problema.

Resposta: _____

2 Complete o problema a seguir utilizando noções sobre comprimentos.

Marta e Laís são irmãs. A altura de Marta é _____

- Troque seu problema com um colega e resolva o problema elaborado por ele.

SIMETRIA

Vistas

Laura olhou de cima para baixo uma caixa com formato de cubo.

OSVALDO SEQUETIN

Ela fez um desenho do que observou. Veja:

Quando observamos um objeto olhando de cima para baixo, chamamos essa visão que temos do objeto de **vista superior**.

ATIVIDADES

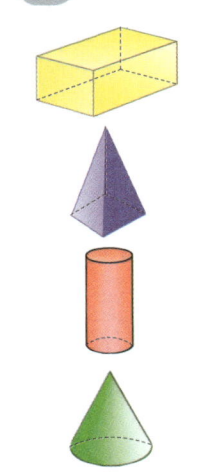

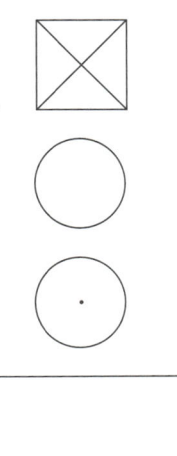

1 Agora é com você! Ligue cada sólido à sua respectiva vista superior.

161

2 Fernando juntou cubos e paralelepípedos e montou esta figura.

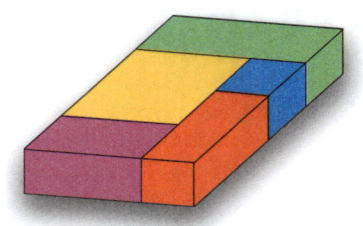

Qual das duas imagens representa a vista superior da figura que Fernando montou?

a)

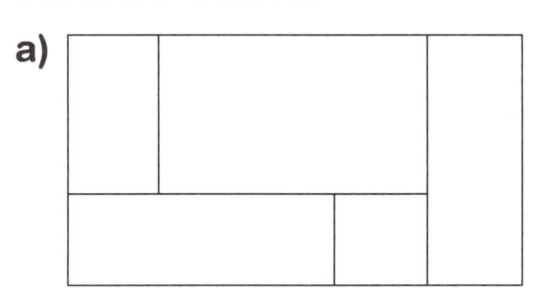

b)

Agora, pinte com as cores corretas!

3 Observe o desenho destas pilhas de cubos.
Escreva quantos cubos há em cada pilha.

a)

c)

b)

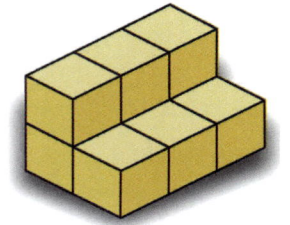

d)

4 Larissa está observando sua casa.

Qual dos desenhos a seguir representa a visão que Larissa está tendo dessa casa? Marque com um **X**.

a)

b)

c)

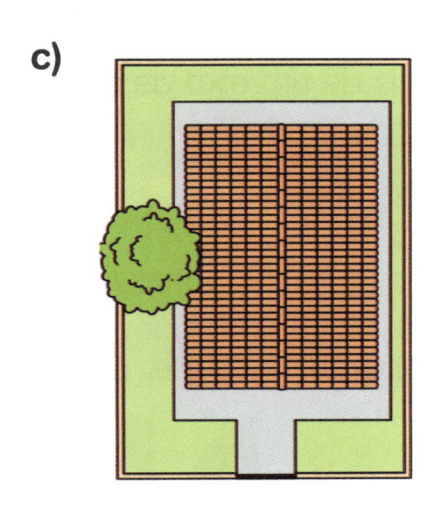

Simetria

Para esta atividade, você vai precisar de papel, lápis e tesoura sem ponta.

Pegue a folha e dobre-a ao meio.

Faça um desenho.

Recorte sobre a linha.

Agora, abra a figura e pinte-a como quiser!

Observe que a figura tem uma dobra no meio. Essa dobra divide a figura em duas partes com a mesma forma. Essa dobra é um **eixo de simetria**.

Algumas letras do nosso alfabeto também podem ser divididas em duas partes idênticas.

A M Y

O eixo de simetria divide a figura em duas partes idênticas. Há figuras que têm mais de um eixo de simetria.

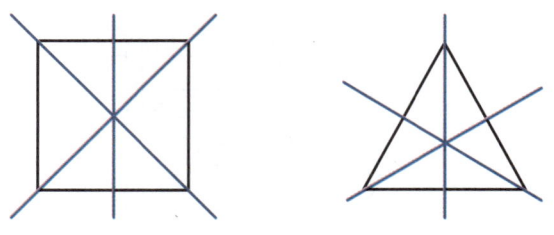

Nem todas as figuras, porém, têm eixo de simetria.

G N J

ATIVIDADES

1 Trace os eixos de simetria de cada figura. Escreva ao lado quantos eixos você traçou. Observe o exemplo.

Eixos de simetria: 3

Eixos de simetria:

Eixos de simetria:

Eixos de simetria:

2 Quais das letras apresentam eixos de simetria? Trace os eixos.

B F H I L
P T U Z

3 Faça o mesmo com as figuras a seguir. Observe com atenção para verificar se todas têm eixo de simetria.

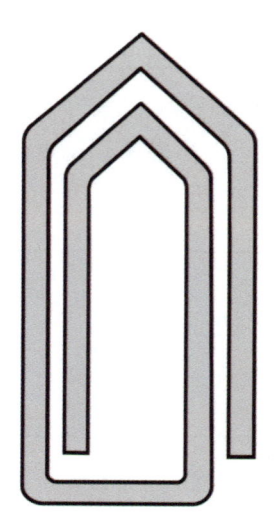

4 Sabendo que a linha vermelha é o eixo de simetria, complete cada figura.

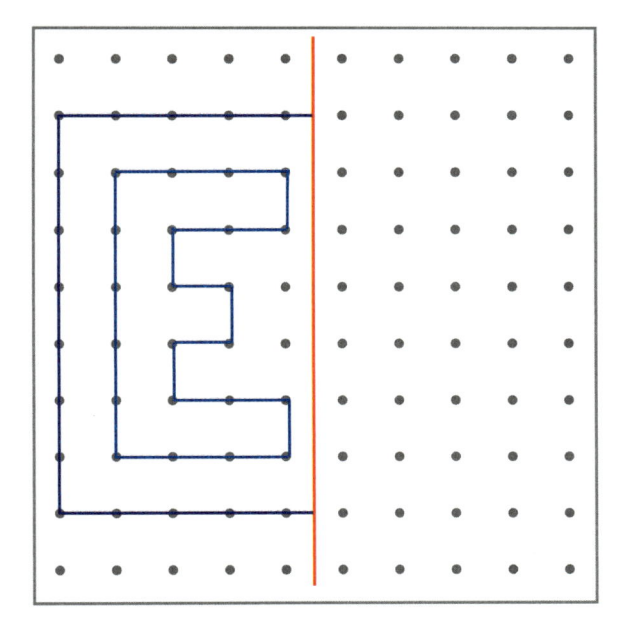

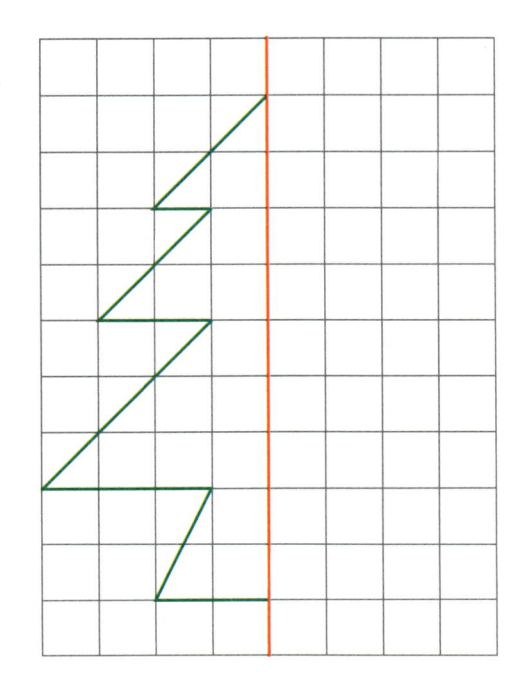

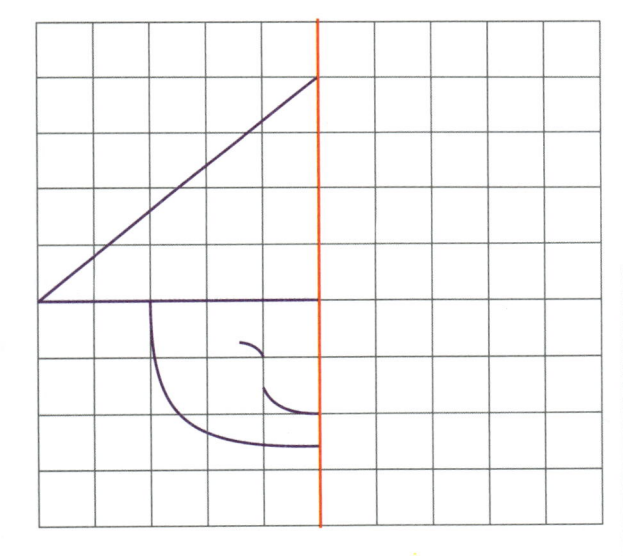

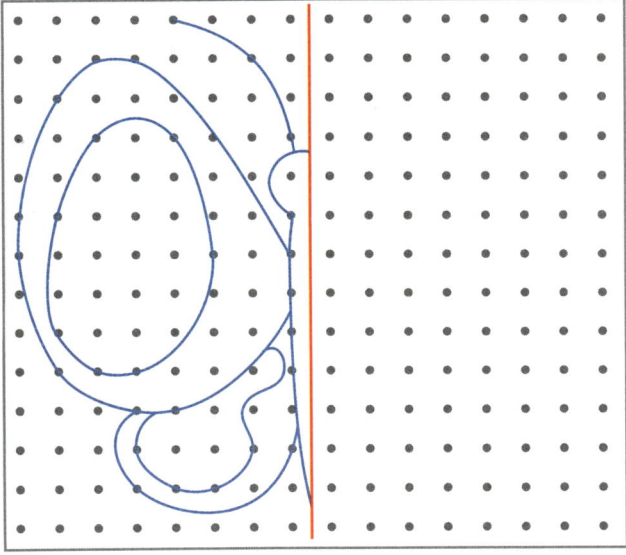

5 Descubra o segredo e continue pintando os mosaicos.

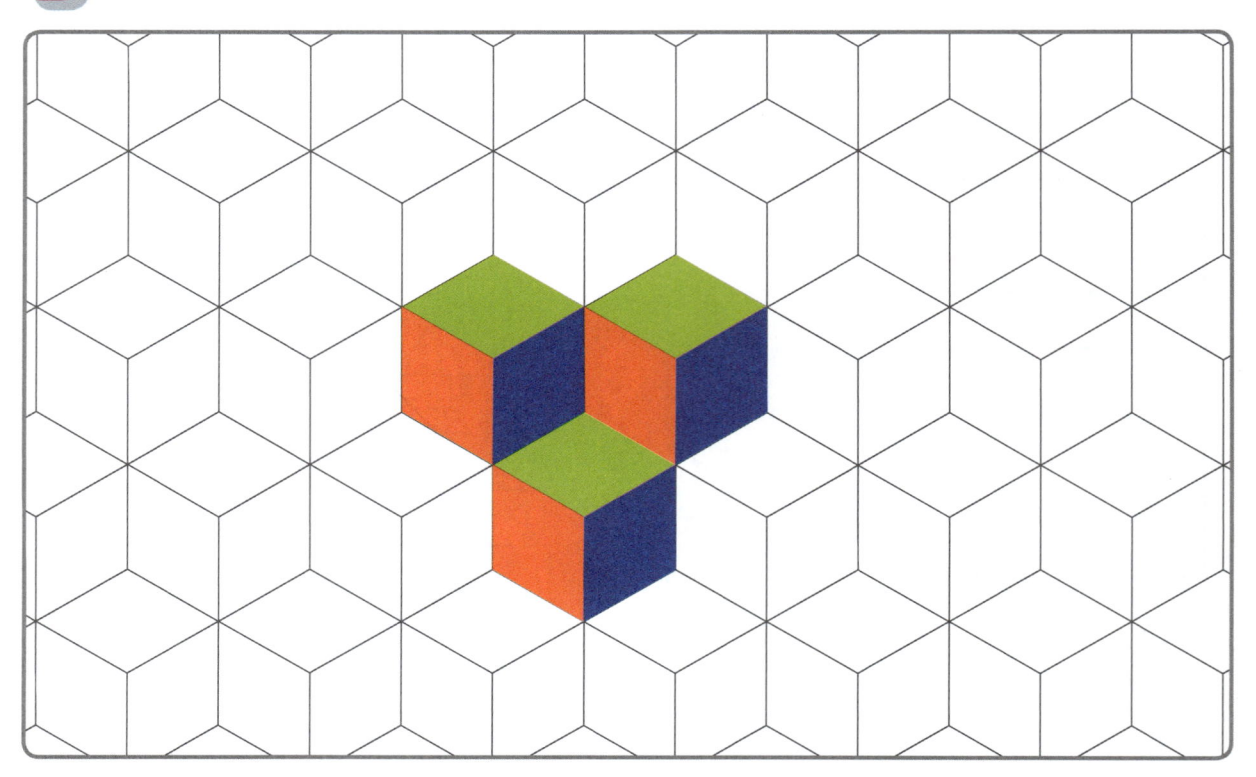

6 Nesta malha triangular, crie várias figuras que tenham eixo de simetria. Desenhe o eixo **e** e apenas a metade da figura. Troque com seu colega e peça para ele completar sua figura. Depois, confira.

LIÇÃO 17

NOÇÕES DE ACASO

Chances: maiores ou menores

A professora Fernanda mostrou para a turma do 3º ano estes palitos:

Ela disse que iria colocar todos dentro de um saco, misturar e depois retirar lá de dentro, sem olhar, apenas um palito.

Qual cor de palito as crianças achavam que sairia de lá?

Analu: Eu acho que o palito sorteado vai ser azul, porque tem mais.

Raul: E eu acho que vai ser vermelho, porque essa cor me dá sorte.

- Quem você acha que tem mais chance de acertar o palpite?

Depois disso, a professora fez outros sorteios, sempre colocando de volta o palito no saco e embaralhando todos antes do próximo sorteio. Sendo assim, leia as frases das duas colunas e ligue formando pares.

O palito sorteado será azul. •	• Acontecerá isso com certeza.
O palito sorteado será vermelho. •	• É muito provável que isso aconteça.
O palito sorteado será branco. •	• É pouco provável que isso aconteça.
A cada novo sorteio um vermelho alterna com um azul. •	• É improvável que isso aconteça.
O palito sorteado ou é vermelho ou é azul. •	• É impossível isso acontecer.

- Observe o saquinho com bolinhas coloridas e responda:

  a) Quantas bolinhas há no saquinho? _____

  b) Quantas são vermelhas? _____

  c) Quantas são verdes? _____

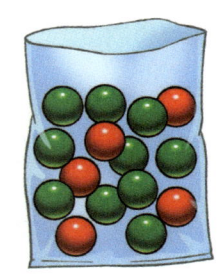

  d) Se tirarmos uma bolinha do saquinho, sem olhar, qual tem maior chance de sair: vermelha ou verde? Por quê? _____

- Luna está brincando de jogar dados.

Somando os resultados dos dois dados que Luna está jogando, pinte de azul no quadro os números que são prováveis de ela obter. Pinte de vermelho os números que são impossíveis de ela obter.

1	3	4
6	7	12
9	0	14
13	6	10

ATIVIDADES

1 Veja uma das coleções que Sabrina tem.

a) Quantos carrinhos tem na coleção de Sabrina?

☐ 20   ☐ 15   ☐ 10

b) Complete o quadro com a quantidade de carrinhos por cores.

🟩	🟨	🟦	🟥	🟪

c) Marque com um **X** a cor que tem mais chances de sair em cada caso, se Sabrina for sortear um carrinho ao acaso:

- Sabrina terá mais chances de sortear um carrinho amarelo ou roxo?

    ☐ Amarelo   ☐ Roxo

- Sabrina terá mais chances de sortear um carrinho vermelho ou azul?

    ☐ Vermelho   ☐ Azul

d) De todas as cores de carrinhos que Sabrina tem, qual a cor que tem mais chances de ser sorteada? Por quê? _____

2 Observe as fichas numeradas a seguir.

352	937	445	620
1 340	3 455	9 723	7 232
8 808	3 345	2 244	5 732

a) Escreva os números das fichas numeradas em ordem crescente.

_____

b) O que tem mais:

- Números de 3 ou de 4 algarismos? _____

- Números pares ou ímpares? _____

- Números maiores do que 1 000 ou números menores do que 1 000?

_____

c) André vai sortear uma ficha numerada ao acaso. Agora, faça um **X** na alternativa correta.

- Ele tem mais chances de sortear um número:

　☐ com 3 algarismos.　　☐ com 4 algarismos.

- Ele tem mais chances de sortear um número:

　☐ par.　　☐ ímpar.

- Ele tem mais chances de sortear um número:

　☐ maior do que 1 000.　　☐ menor do que 1 000.

LIÇÃO 18 — MEDIDAS DE CAPACIDADE

Capacidade

Observe esta foto da caixa de suco.
- O que representa o número circulado na foto?

Para medir a quantidade de líquido que cabe em um recipiente, usamos a unidade padrão de medida de capacidade: o **litro**.

O símbolo do litro é **L**.

Observe as imagens.

- 1 **litro** é o mesmo que dois **meios litros**.
- Meio litro é o mesmo que dois quartos de litro.
- 1 litro é o mesmo que quatro quartos de litro.

ATIVIDADES

1 Complete.

a) Uma das unidades de medida de capacidade é o _____.

b) 1 litro tem _____ meios litros.

c) 4 quartos de litro formam _____ litro.

d) Cite 3 coisas que podemos comprar por litro.

_____

_____

_____

2 Desenhe mais garrafas para completar 10 litros.

3 Pinte as jarras na capacidade indicada.

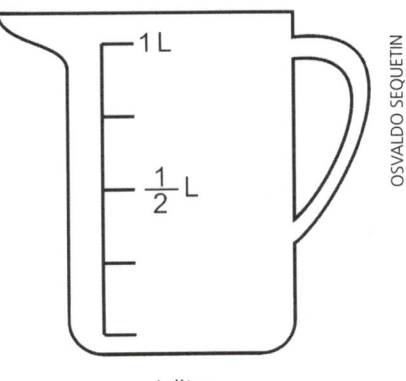

Meio litro   1 litro

4 Escreva quantos meios litros são necessários para obter:

a) 1 litro ⟶ ☐ meios litros.

b) 2 litros ⟶ ☐ meios litros.

c) 3 litros ⟶ ☐ meios litros.

d) 4 litros ⟶ ☐ meios litros.

e) 5 litros ⟶ ☐ meios litros.

5 Observe as ilustrações e a informação.

1 litro de água enche 5 copos.

Durante um fim de semana:

Paula bebe 5 litros

Carla bebe 3 litros

Rodrigo bebe 2 litros

Felipe bebe 6 litros

Andréa bebe 4 litros

Complete a tabela com a quantidade de água que cada criança consome por semana.

Nome	Quantidade de litros	Quantidade de copos
Paula	5 L	5 × 5 = 25
Rodrigo	2 L	
Carla		3 × 5 = 15
Felipe	6 L	
Andréa		_____ = 20

PROBLEMAS

1 Em um barril, havia 35 litros de vinagre que José usou para encher garrafões de 5 litros cada um. Quantos garrafões José encheu?

Cálculo

Resposta: _____

2 Uma cozinheira gasta 4 litros de óleo por mês. Quanto ela gastará em 6 meses?

Cálculo

Resposta: _____

3 Um litro de suco enche 4 copos de mesmo tamanho. Com 8 litros de suco, quantos copos iguais a esses encherei?

Cálculo

Resposta: _____

4 Em um tanque de gasolina havia 350 litros de combustível. Já foram vendidos 135 litros. Quantos litros de gasolina ainda restam no tanque?

Cálculo

Resposta: _____

5 Marlene comprou 6 garrafas de suco. Cada uma contém 1 litro e meio de suco. Quantos litros de suco foram comprados?

Cálculo

Resposta: _____

EU GOSTO DE APRENDER MAIS

Leia o texto a seguir. Com ele você vai responder a algumas perguntas e elaborar um problema.

Água

A água é um recurso natural essencial à vida. Mas, ao longo dos anos, as pessoas têm usado a água sem a consciência de que um dia ela pode acabar, devido a mudanças climáticas, poluição ou outras ações provocadas pelas atividades humanas.

Nas atividades diárias utilizamos a água para diversas finalidades. Em um banho de chuveiro de 15 minutos consumimos aproximadamente 135 litros de água; já o consumo em um banho de 5 minutos diminui para 45 litros de água.

1. Quais as atitudes que você considera importantes para evitar o desperdício de água?

   _____

2. Durante um dia 4 pessoas tomam um banho de ducha de 15 minutos. Quantos litros de água foram consumidos nesse dia? (Utilize as informações do texto.)

   _____

3. E se essas mesmas 4 pessoas tomassem um banho de ducha de 5 minutos no dia, quantos litros seriam consumidos?

   _____

4. Elabore um problema utilizando algum dado numérico apresentado no texto acima. Utilize a operação que você achar melhor para seu problema. Troque-o com um colega para um resolver o problema do outro.

LIÇÃO 19

MEDIDAS DE MASSA

Massa

Usamos a balança para medir a massa de pessoas, de alimentos e de outros objetos.

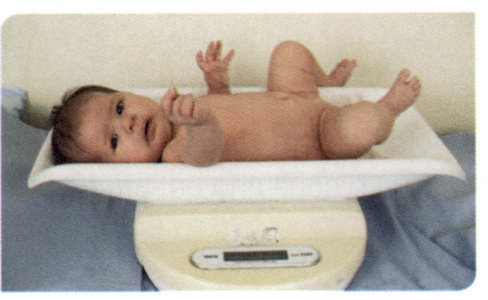

Balança usada em postos de saúde e consultórios médicos para pesar bebês.

Balança com escala graduada em quilograma (kg), usada em açougues, quitandas, feiras etc.

Balança de pratos usada para pesar carne, cereais, entre outros.

Quilograma e grama

A unidade fundamental de **medida de massa** é o **quilograma**.
O símbolo do quilograma é **kg**.
Outra unidade de medida de massa muito usada é o **grama** (g).

> 1 quilograma é igual a 1000 gramas
> 1 kg = 1000 g

É comum usarmos a palavra "peso" em vez de massa, e a palavra "quilos" em vez de quilogramas.

Qual é seu peso?

29 quilos.

Observe algumas das maneiras de dividir 1 quilograma.

1 quilograma é o mesmo que 1 000 gramas.

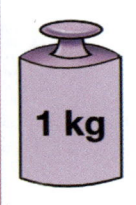

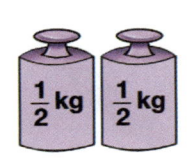

1 quilograma tem **2 meios** quilograma com 500 gramas cada.
Meio quilograma é o mesmo que 500 gramas.

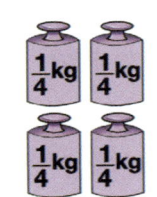

1 quilograma tem **4 quartos** de quilograma com 250 gramas cada.
1 quarto de quilograma é o mesmo que 250 gramas.

O nome popular para quilograma é **quilo**.

ATIVIDADES

1 Complete.

a) O instrumento utilizado para medir massa chama-se _____.

b) Um quilograma contém _____ meios quilograma.

c) Meio quilograma corresponde a _____ gramas.

d) Dois meios de 1 quilograma correspondem a _____ quilograma.

e) Dois pacotes de 250 gramas correspondem a _____ quilograma.

f) Quatro pacotes de 250 gramas correspondem a _____ quilograma.

2 Escreva o nome de dois produtos que compramos por quilograma.

_____

3 Quanto pesa? Contorne a indicação certa.

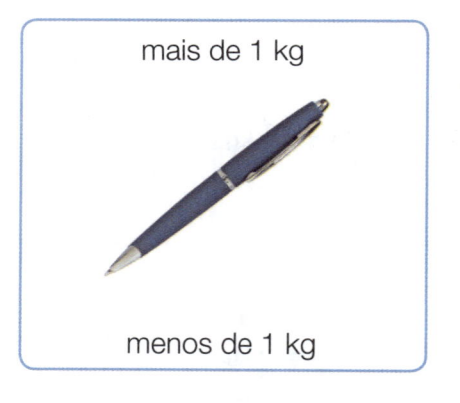

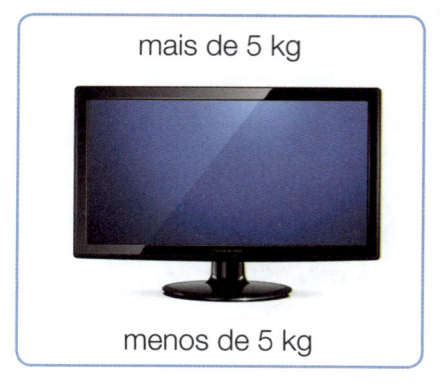

mais de 1 kg	mais de 1 kg
menos de 1 kg	menos de 1 kg

mais de 5 kg	mais de 5 kg
menos de 5 kg	menos de 5 kg

FOTOS: SHUTTERSTOCK

4 Observe as imagens e responda: Quanto deve marcar a última balança?

5 Qual das balanças está marcando a medida errada?

DESAFIO

1 Observe esta imagem. A moça está pesando uma verdura.

Quanto pesa, aproximadamente, essa verdura? Marque com um **X**.

a) Menos do que 1 kg.

b) Entre 1 kg e 2 kg.

c) Entre 2 kg e 5 kg.

d) Mais do que 5 kg.

2 O livro fino pesa meio quilo. Quanto você acha que pesa o livro grosso?

Resposta: O livro mais grosso pesa _____

PROBLEMAS

1 Ana foi ao mercado comprar alguns ingredientes que faltavam para seu lanche. Veja o que ela comprou e quanto gastou.

> 100 g de presunto — 2 reais
> 200 g de queijo prato — 3 reais
> 400 g de rosbife — 16 reais

a) Calcule o total de ingredientes que Ana comprou. Esse total é maior ou menor do que um quilo?

Resposta: _____

b) Descubra o preço de um quilo do presunto e do queijo e veja qual deles é mais caro.

Resposta: _____

2 Seu Antônio vendeu 26 quilogramas de carne de boi, 18 quilogramas de carne de porco e 12 quilogramas de frango. Júnior vendeu a metade dessa quantidade. Quantos quilogramas de carne Júnior vendeu?

Resposta: _____

LIÇÃO 20 — NOSSO DINHEIRO

O Real

A unidade monetária do Brasil é o **Real**. O símbolo do real é **R$**.

Cédulas

R$ 2,00

R$ 5,00

R$ 10,00

R$ 20,00

R$ 50,00

R$ 100,00

R$ 200,00

Moedas

1 centavo    5 centavos    10 centavos    25 centavos    50 centavos    1 real

ATIVIDADES

1 Escreva as quantias por extenso.

a) R$ 75,00 _____

b) R$ 50,00 _____

c) R$ 82,00 _____

d) R$ 285,00 _____

e) R$ 46,80 _____

f) R$ 315,00 _____

g) R$ 12,00 _____

h) R$ 8,00 _____

i) R$ 489,00 _____

j) R$ 126,00 _____

2 Represente numericamente as quantias por extenso.

Cento e quarenta reais	R$
Quinze reais	R$
Noventa reais	R$
Quarenta e oito reais	R$
Oitenta e três reais e dez centavos	R$
Duzentos e setenta e dois reais	R$
Quinhentos reais	R$
Setenta e sete reais	R$
Vinte e nove reais e vinte centavos	R$

3 Vamos fazer compras na papelaria Eu gosto.
Veja os preços de alguns produtos vendidos na papelaria.

PRODUTOS	PREÇO (R$)
1 lápis preto	2,00
Caderno de 200 folhas em espiral	12,00
Caneta marca-texto	3,00
Caixa de 6 giz de cera	4,00
Caixa de 12 lápis de cor	9,00
Calculadora simples	5,00
Régua de 30 centímetros	2,00
Tesoura sem ponta	4,00
Pasta com elástico	3,00
Borracha	1,00
Apontador para lápis	2,00
Caderno de 50 folhas de capa dura	6,00

Responda.

a) Qual é o produto mais caro? _____

b) Qual é o produto mais barato? _____

c) Ana comprou 3 cadernos de 50 folhas de capa dura. Quanto ela gastou? _____

d) Paulo comprou uma pasta com elástico e uma tesoura. Pagou com uma nota de R$ 10,00. Quanto ele recebeu de troco? _____

e) Luís tem R$ 14,00 e precisa de uma caixa de lápis de cor. O que ele pode levar a mais para gastar todo seu dinheiro?
_____
_____

PROBLEMAS

Não se esqueça de escrever a resposta completa para a pergunta do problema.

1 Anita tinha R$ 500,00. Ganhou R$ 280,00 de seu pai. Quanto dinheiro Anita tem agora?

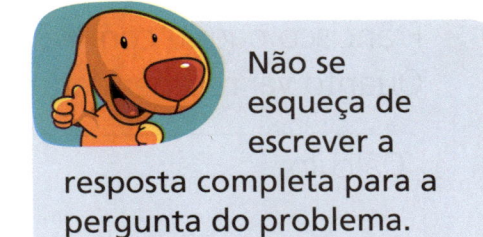

Cálculo

Resposta: _____

2 Marcos tinha R$ 650,00. Gastou R$ 280,00. Quanto dinheiro sobrou?

Cálculo

Resposta: _____

3 Júlia quer comprar uma bicicleta que custa R$ 300,00, mas só tem R$ 270,00. Quanto falta para que ela possa comprar a bicicleta?

Cálculo

Resposta: _____

4 Carla tem 3 caixinhas e colocou R$ 15,00 em cada uma delas. Quantos reais Carla tem ao todo?

Cálculo

Resposta: _____

5 Francisco pagou com R$ 100,00 uma despesa de $\frac{1}{4}$ desse valor. Quanto vai receber de troco?

Cálculo

Resposta: _____

6 Vanessa deu 2 cédulas de R$ 100,00 para pagar uma despesa de R$ 170,00. Quanto ela recebeu de troco?

Cálculo

Resposta: _____

7 Luciana e Andreia juntaram as quantias que tinham e compraram 2 sorvetes (de mesmo preço). Luciana tinha R$ 4,00 e Andreia, R$ 2,00. Quanto custou cada sorvete?

Cálculo

Resposta: _____

8 Pedro ganhou R$ 500,00 por um trabalho e R$ 300,00 pela venda de uma bicicleta. Gastou R$ 400,00 e guardou o restante. Quanto Pedro guardou?

Cálculo

Resposta: _____

9 Utilize as cédulas e as moedas do Almanaque, páginas 229 a 233, para resolver as atividades.

Descubra as combinações que você pode fazer com cédulas e moedas para obter as seguintes quantias e registre da forma como preferir.

a) Cédulas de 10 reais e 5 reais

Quantia a ser obtida: R$ 30,00.

b) Cédulas de 5 reais e moedas de 1 real

Quantia a ser obtida: R$ 25,00.

c) Moedas de 50 centavos e 25 centavos, cédulas de 5 reais

Quantia a ser obtida: R$ 20,00.

d) Cédulas de 5 reais, moedas de 1 real e moedas de 50 centavos

Quantia a ser obtida: R$ 22,00.

EU GOSTO DE APRENDER MAIS

1 Leia o problema.

Martin recebe um salário bruto de R$ 1 350,00. Seu salário sempre vem com descontos fixos de 430,00. Esse mês ele teve um prêmio de R$ 350,00.
A. Qual é o valor do salário de Martin com o desconto?
B. Qual foi o valor do salário bruto de Martin com o prêmio?

Salário bruto é o pagamento mensal que um trabalhador recebe sem considerar os descontos oficiais obrigatórios, como o INSS e o Imposto de Renda.

a) Esse problema tem quantas perguntas? _____

b) Que operação será necessária para responder a cada pergunta do problema? _____

c) Agora resolva os dois problemas, indicados pelas perguntas **A** e **B** do problema de Martin.

Cálculo

Respostas:

A: O valor do salário de Martin com o desconto é _____

B: Juntos, o salário bruto e o prêmio somam o valor de _____

2 Elabore dois problemas envolvendo situações de dinheiro: um precisa ser resolvido com uma adição, e outro, com uma subtração.

- Troque seus problemas com um colega e resolva os problemas elaborados por ele.

Coleção Eu gosto m@is

ALMANAQUE

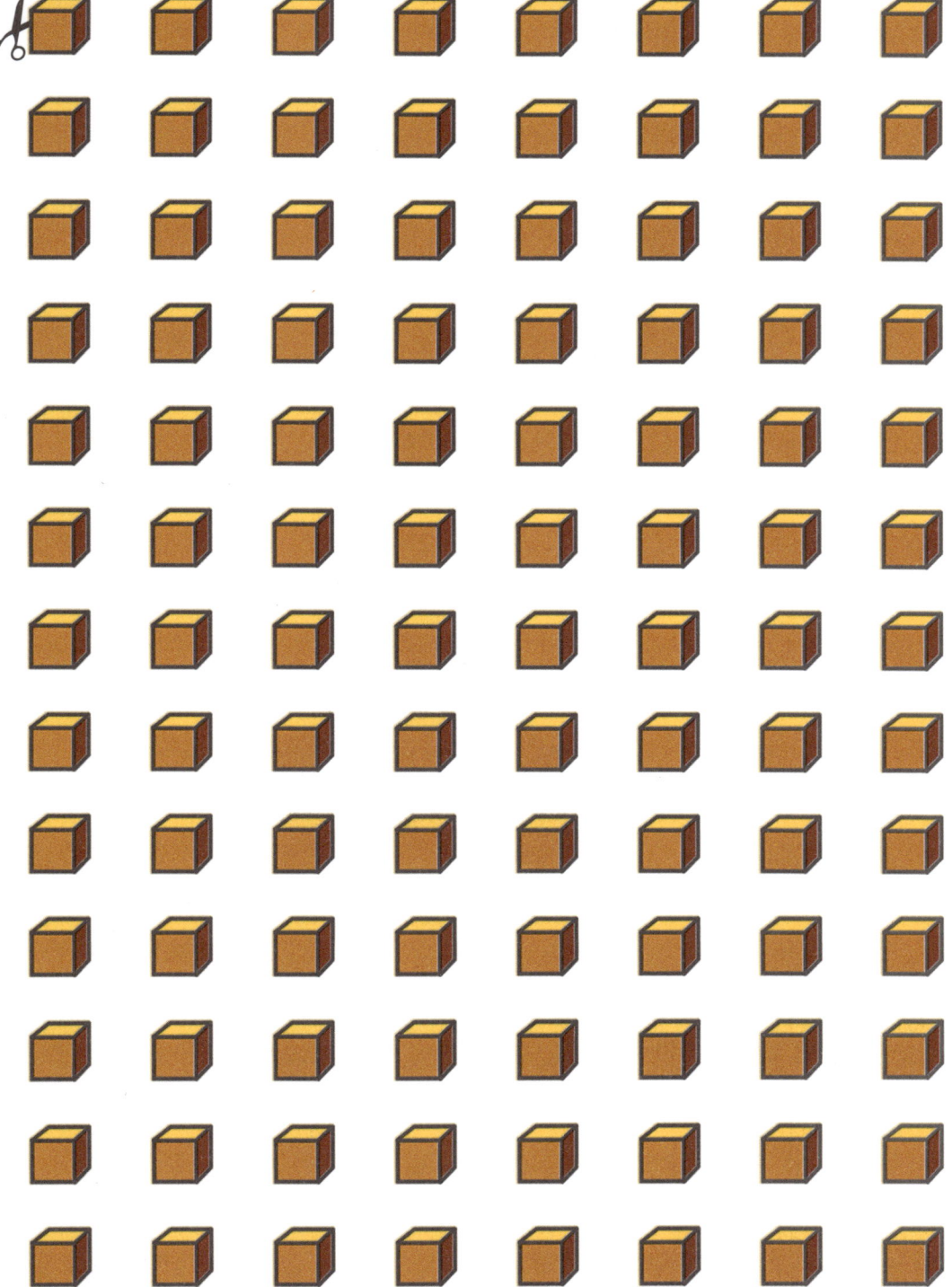

MATERIAL DOURADO

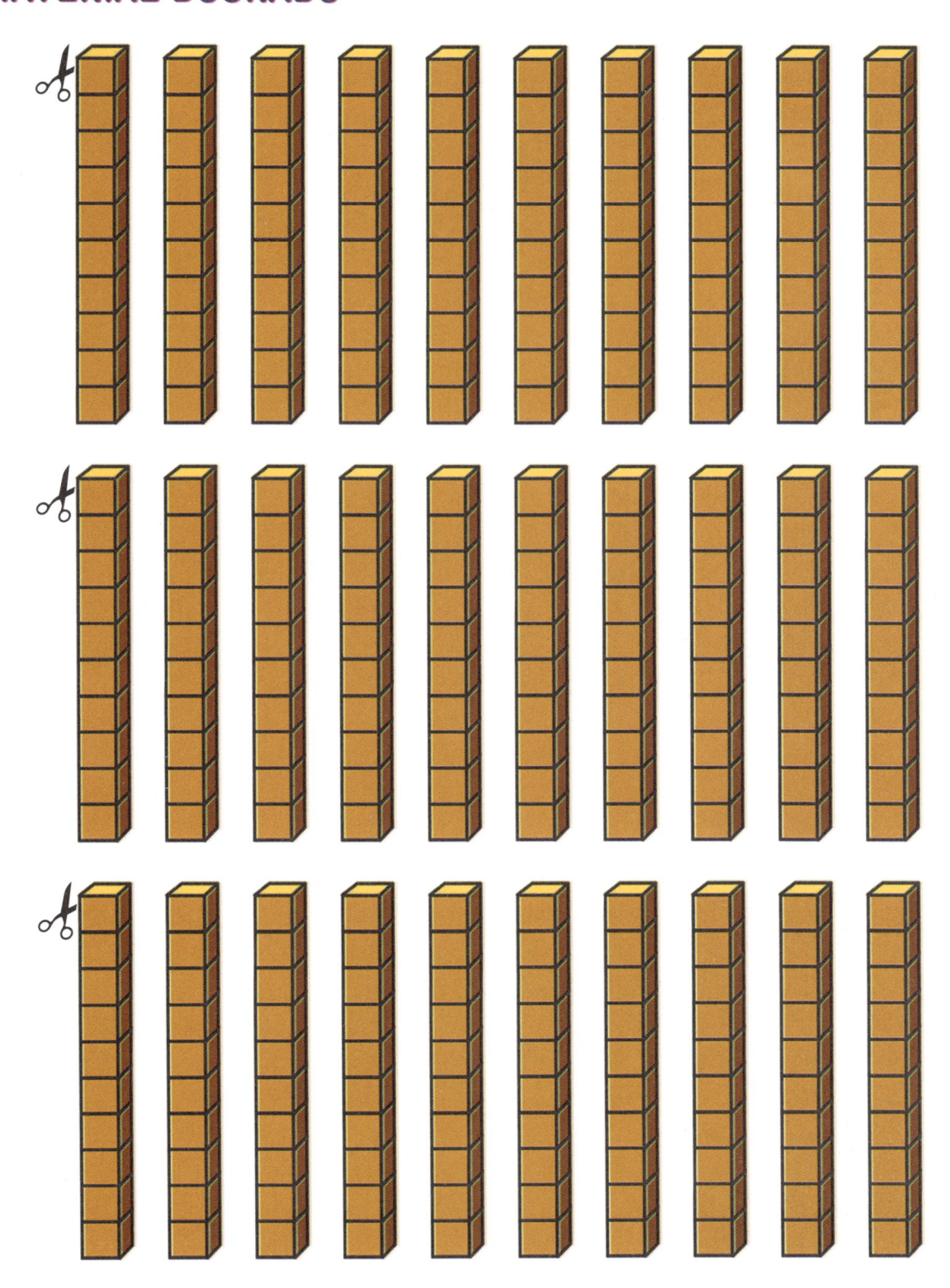

MATERIAL DOURADO

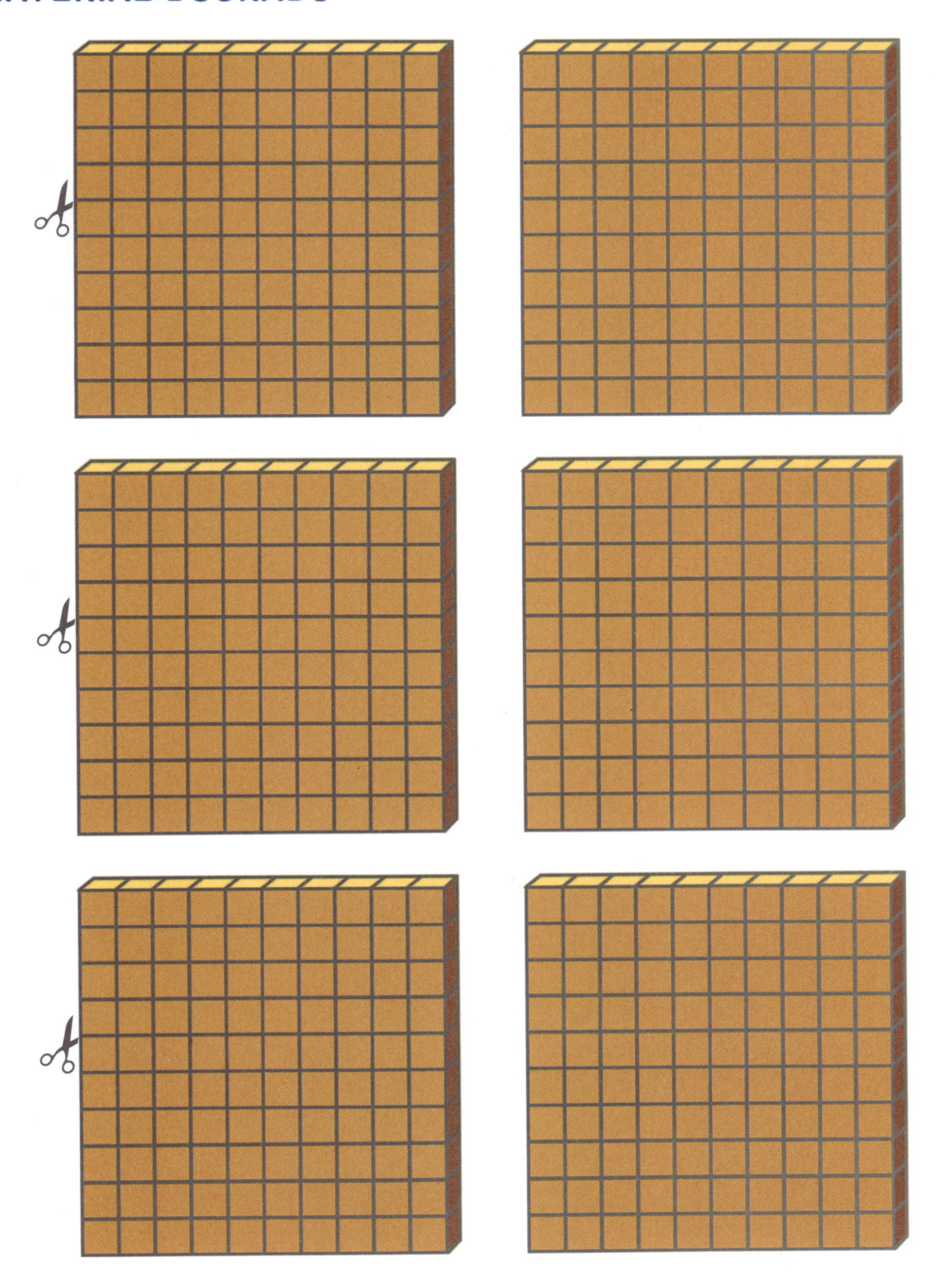

MATERIAL DOURADO

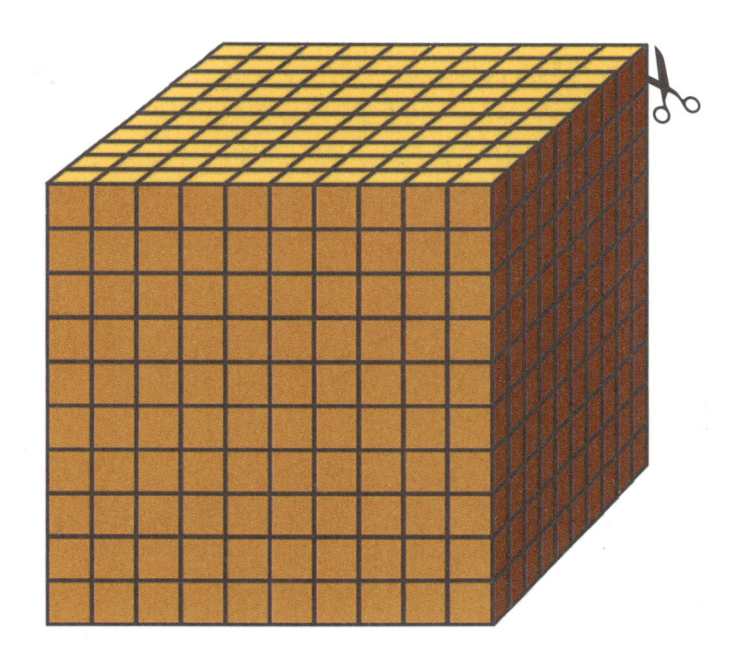

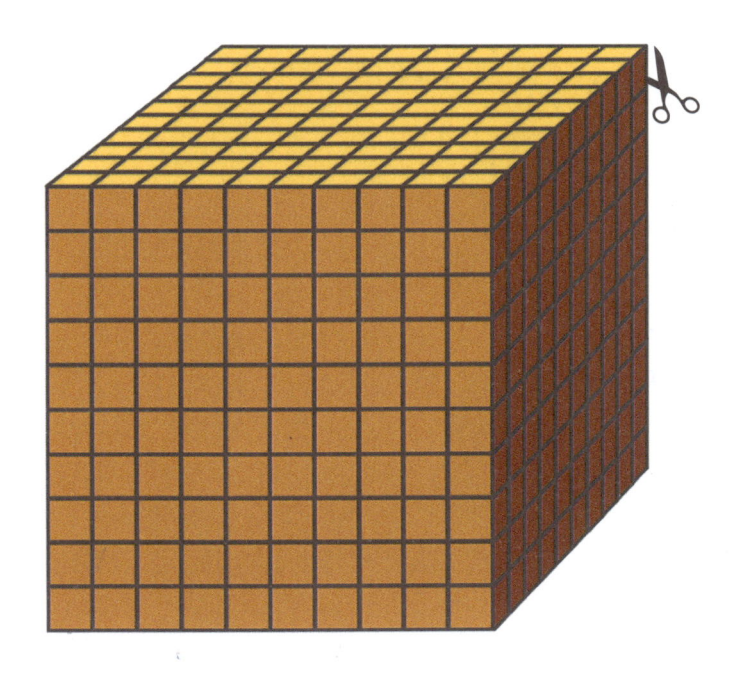

MATERIAL DOURADO

Material Dourado

Nome:
Escola: Ano e turma:

Cole aqui

Cole aqui

ALMANAQUE

CUBO

ALMANAQUE

207

PARALELEPÍPEDO

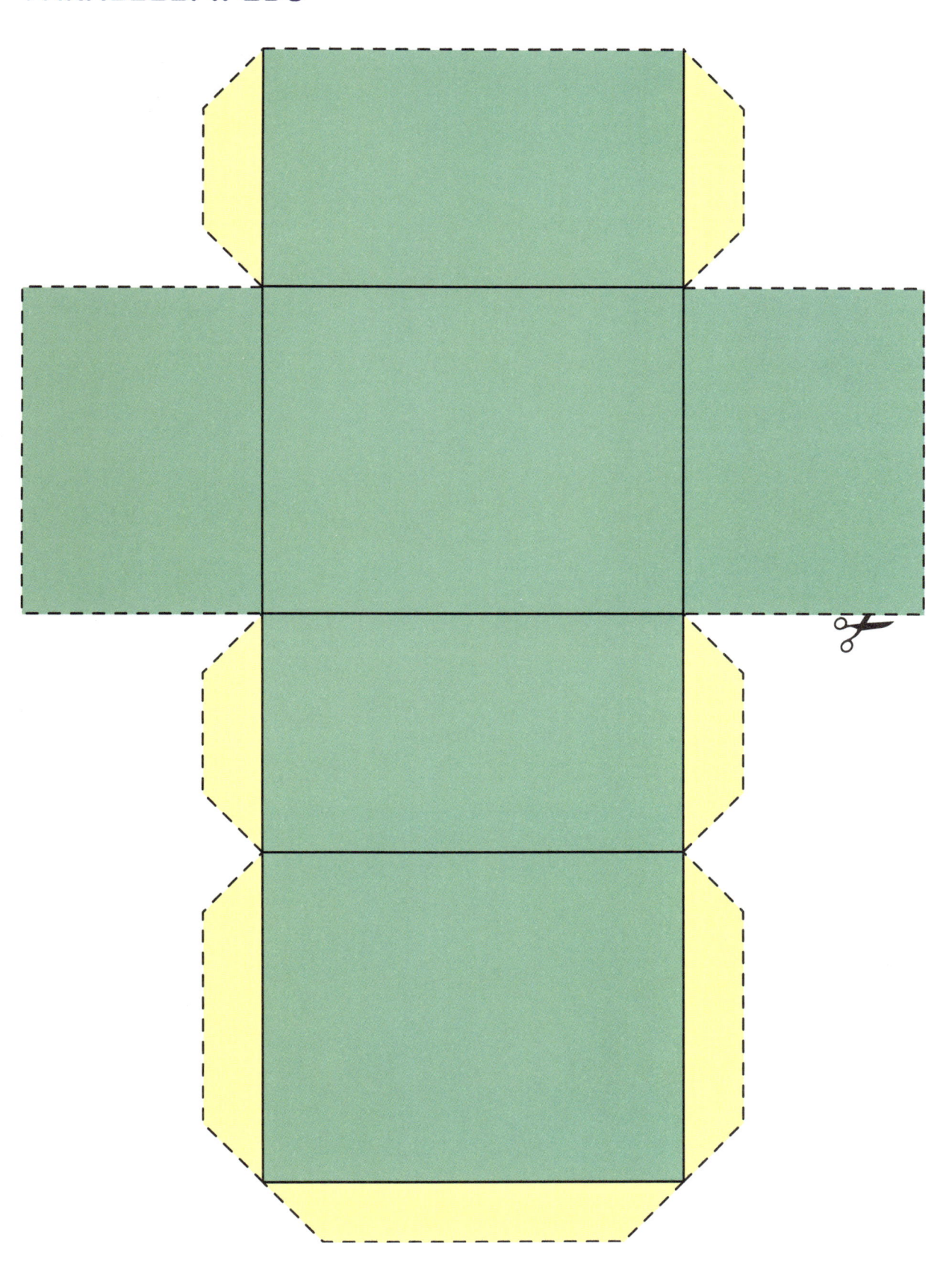

PIRÂMIDE

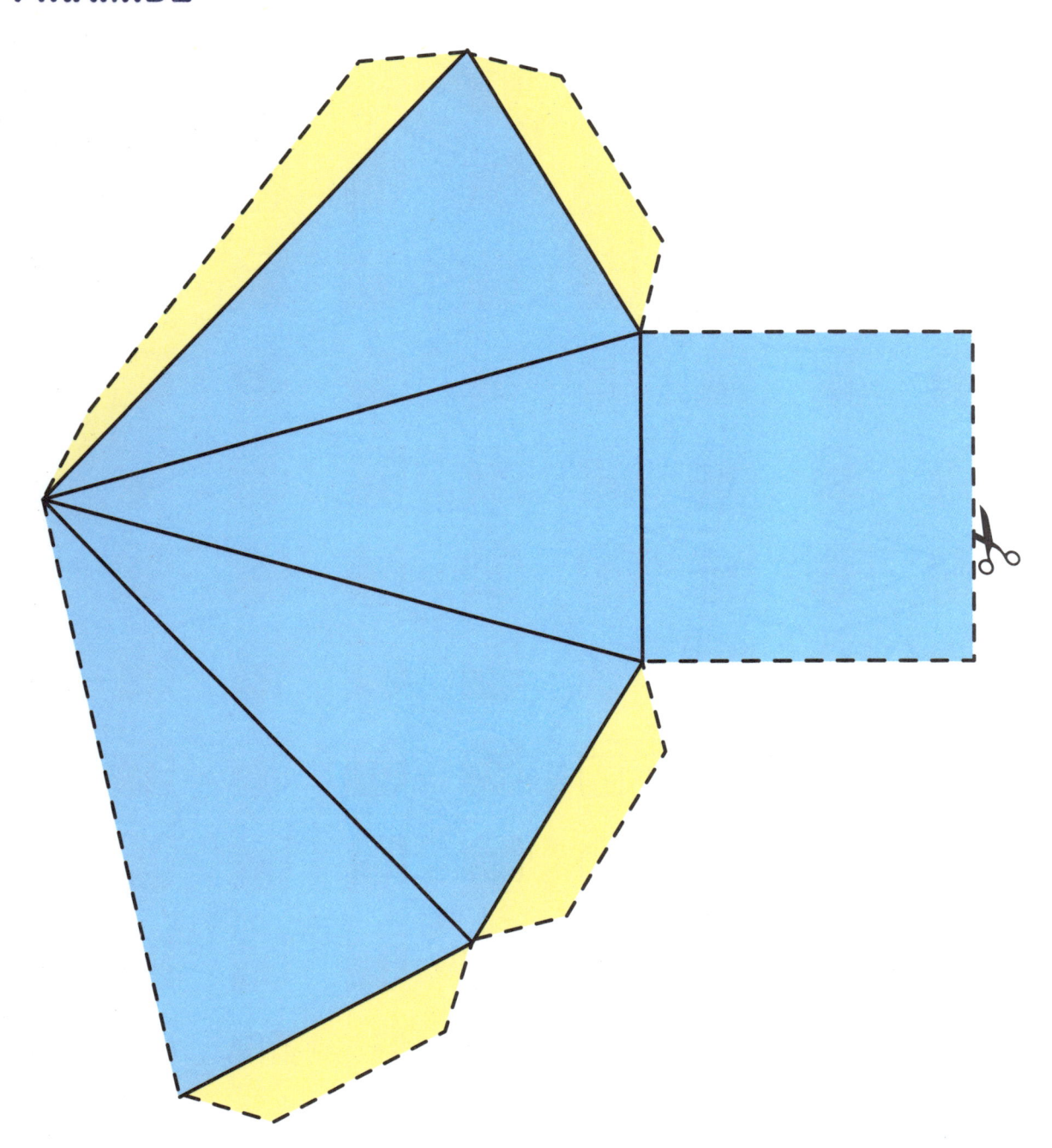

Parte integrante da Coleção Eu gosto m@is – Matemática 3º ano – IBEP.

CILINDRO

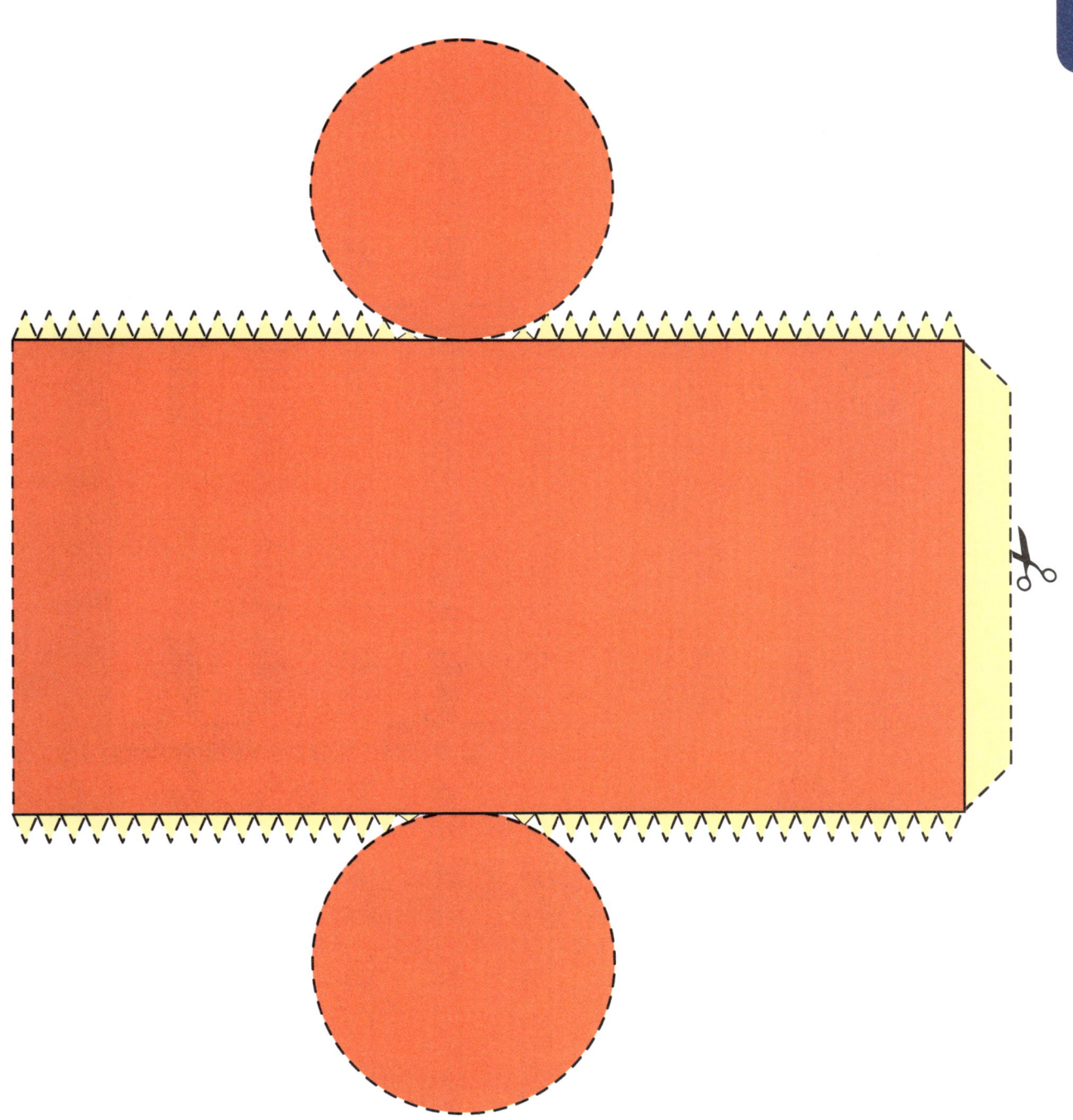

213

CONE

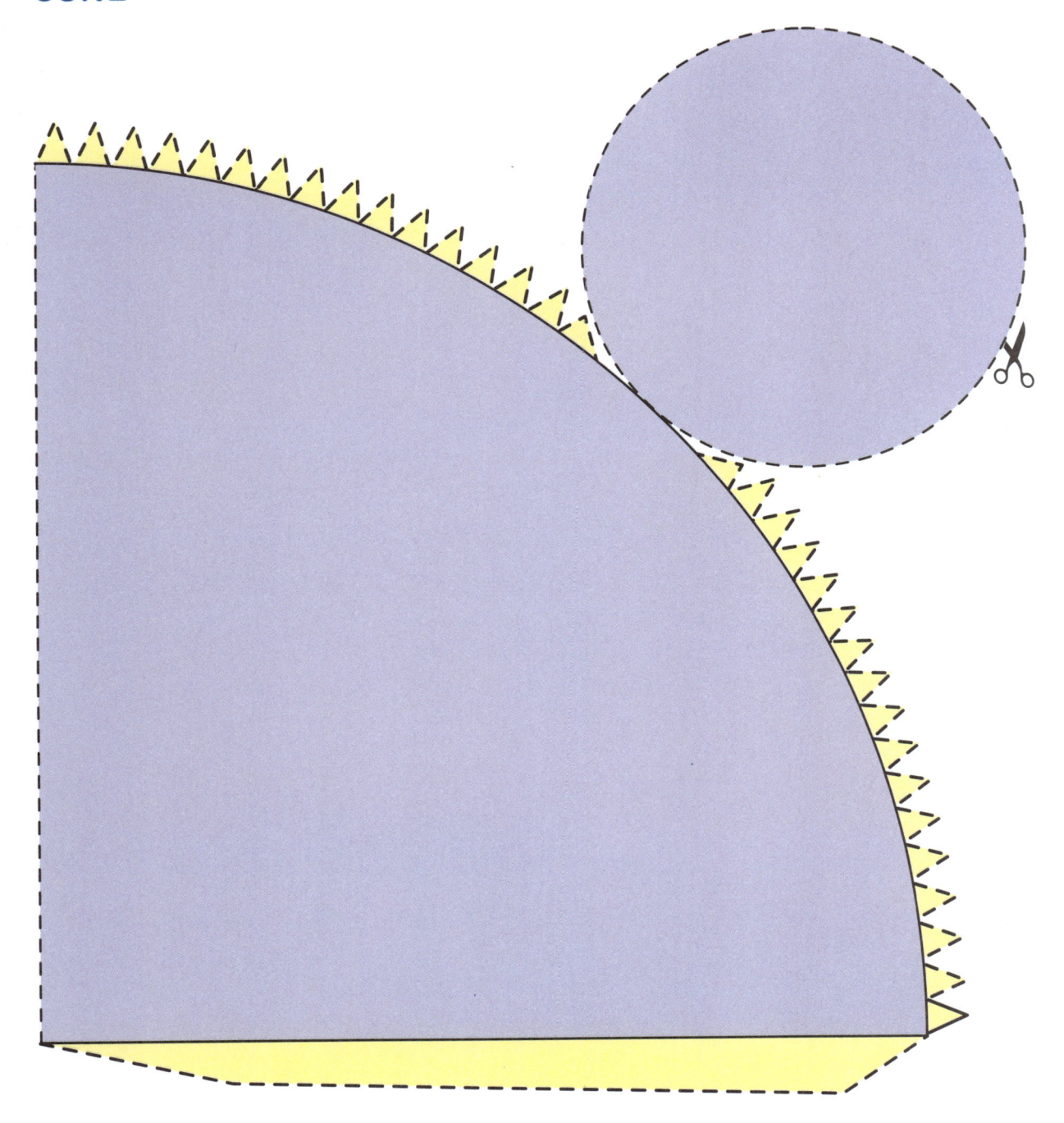

ALMANAQUE

JOGO DO RESTO

Agora que você já sabe o que é uma divisão não exata, vamos aprender a jogar com o resto!

- Forme uma dupla com um colega.
- Utilize o tabuleiro da página 219 do Almanaque.
- Destaque as cartas e os marcadores da página 221 do Almanaque.
- Decidam quem será o primeiro jogador.
- Embaralhem as cartas e formem um monte com todas viradas para baixo.
- Cada jogador, na sua vez, retira a primeira carta do monte e calcula a divisão apresentada. A carta pode voltar para baixo do monte.
- O jogador deverá movimentar seu marcador de acordo com o resto da divisão resolvida. Por exemplo, se na divisão 24 : 7 o resto é 3, o jogador deverá andar 3 casas. Se o resto for zero, o jogador não movimentará seu marcador.
- Vence o jogo quem alcançar a chegada primeiro.

TABULEIRO

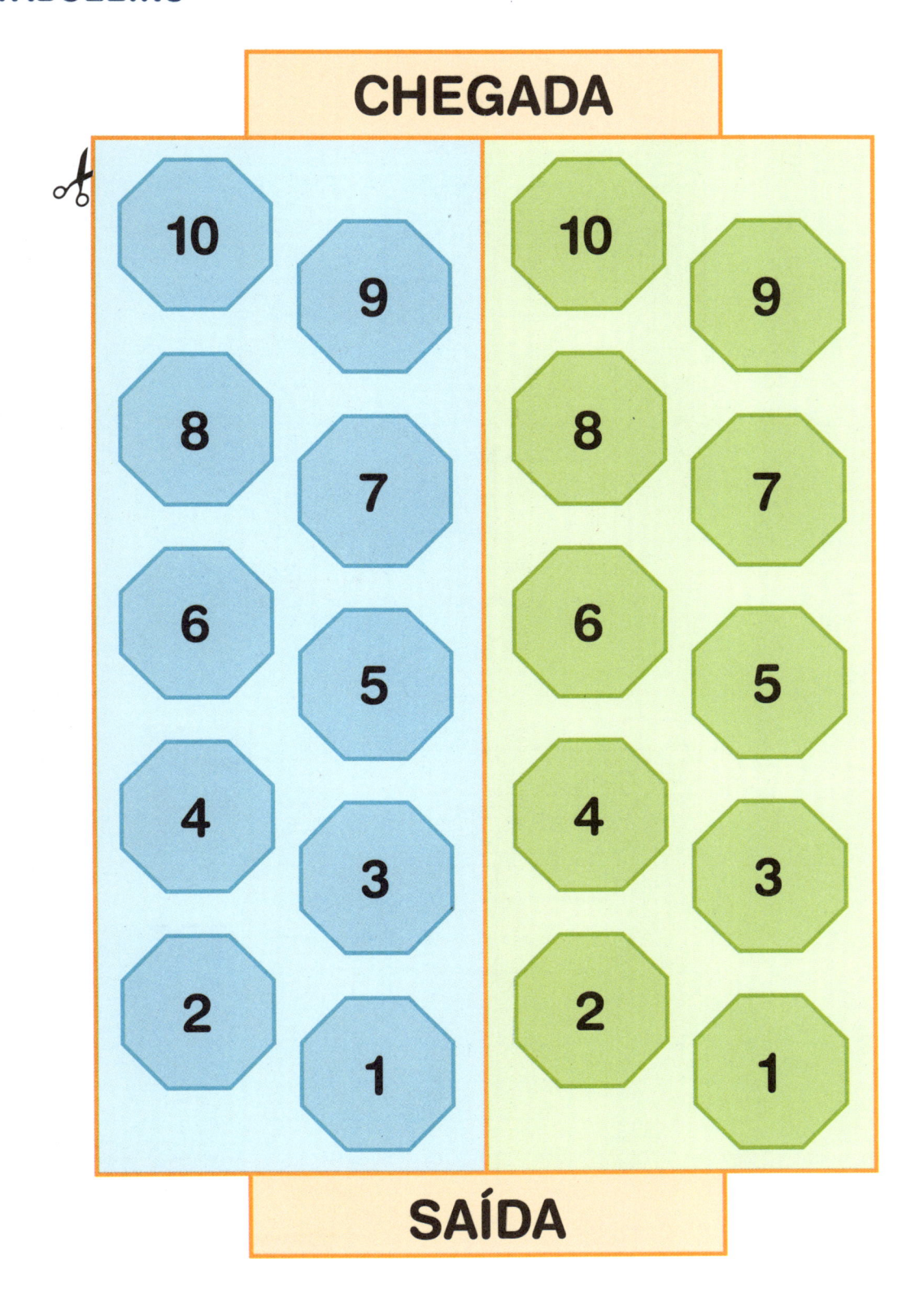

CHEGADA

Azul	Verde
10, 9, 8, 7, 6, 5, 4, 3, 2, 1	10, 9, 8, 7, 6, 5, 4, 3, 2, 1

SAÍDA

MATERIAL DOURADO

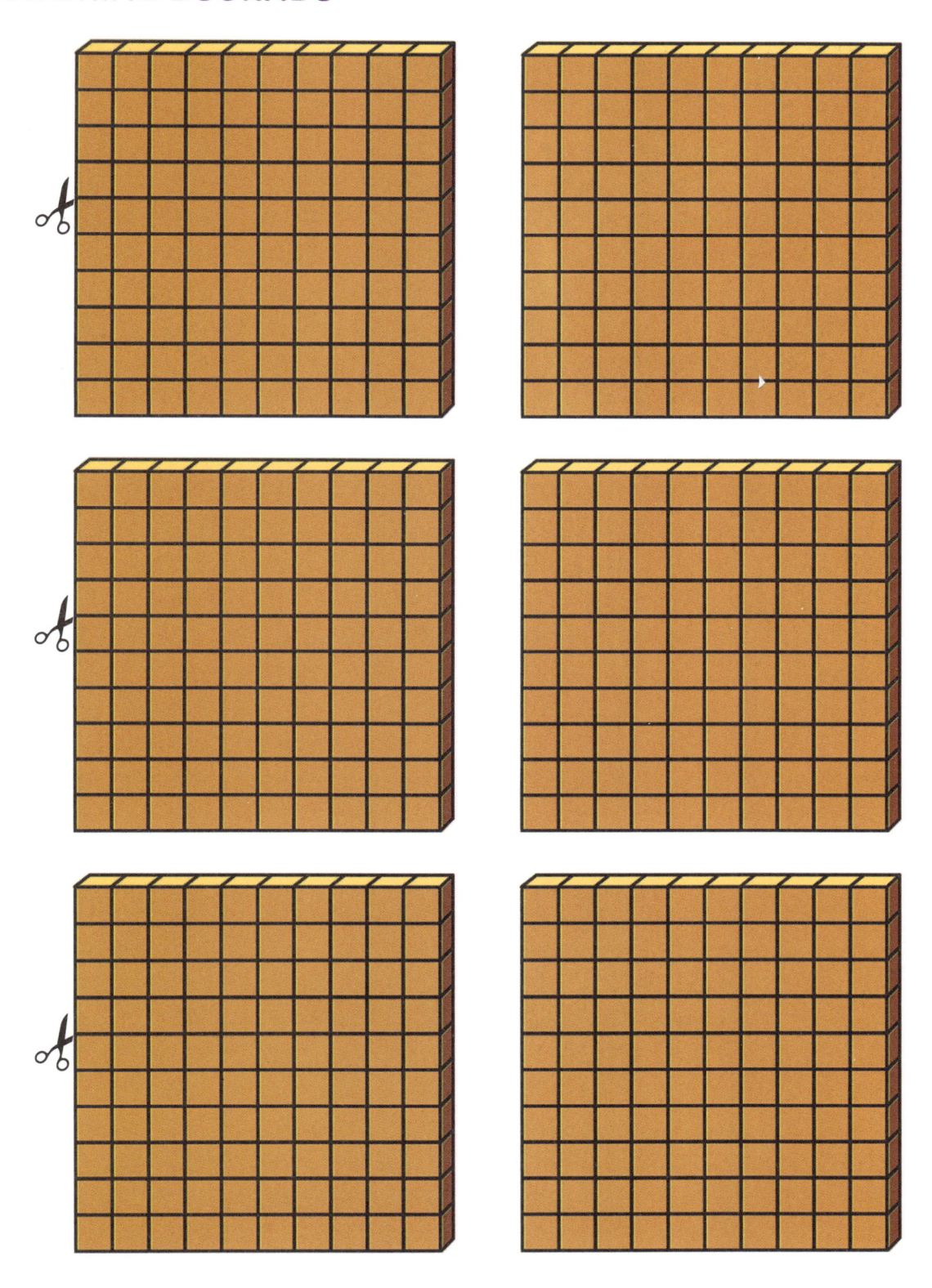

CARTAS E MARCADORES

14 ÷ 7	20 ÷ 5	36 ÷ 6
16 ÷ 2	55 ÷ 9	24 ÷ 7
43 ÷ 6	64 ÷ 9	74 ÷ 8
83 ÷ 9	33 ÷ 4	50 ÷ 8
14 ÷ 3	27 ÷ 8	48 ÷ 9
59 ÷ 7	19 ÷ 4	20 ÷ 3

ALMANAQUE

TANGRAM

223

RELÓGIO DE PONTEIROS

eixo dos ponteiros

225

Parte integrante da Coleção Eu gosto m@is – Matemática 3º ano – IBEP.

RÉGUA DE 1 METRO

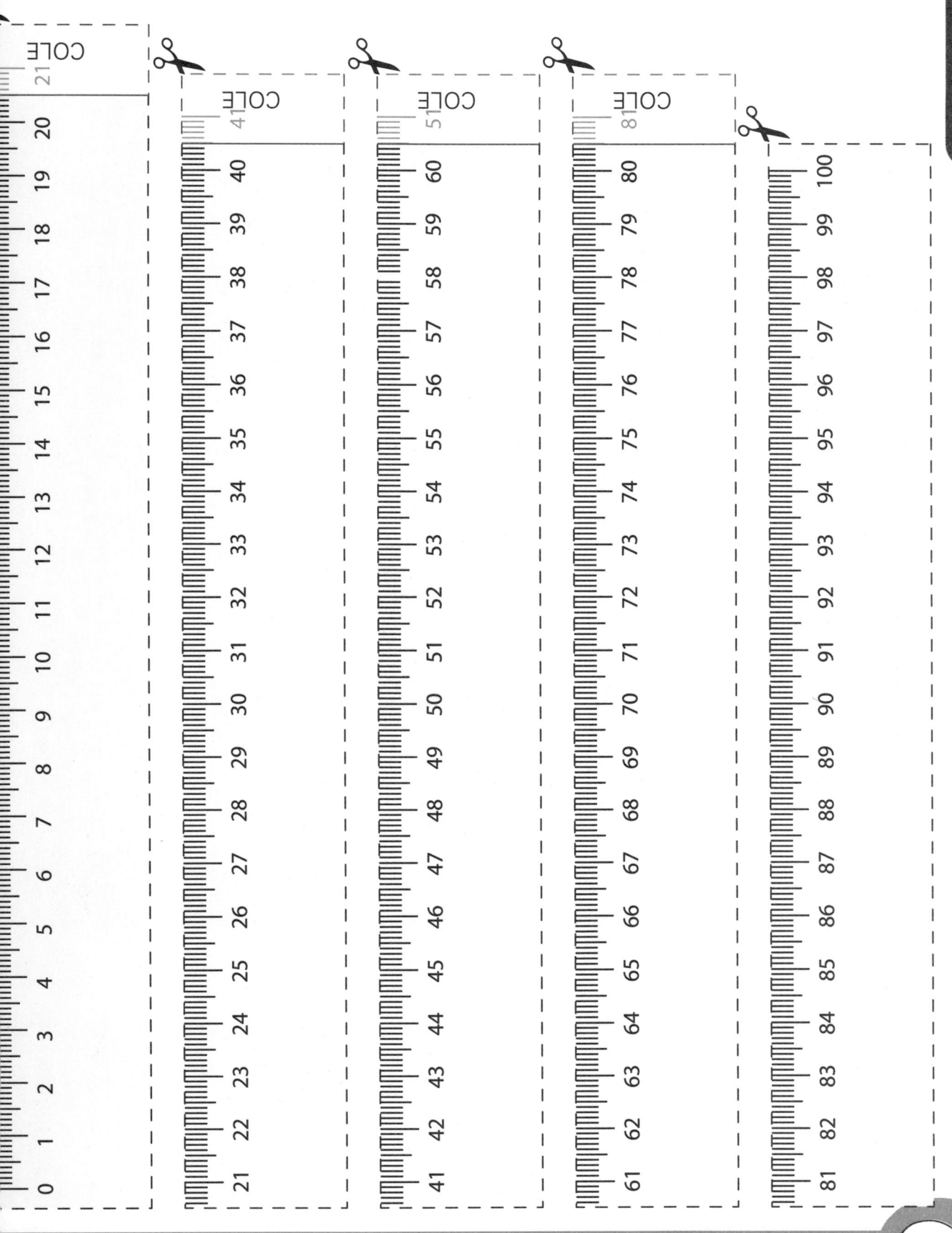

Parte integrante da Coleção Eu gosto m@is – Matemática 3º ano – IBEP.

ALMANAQUE

MOEDAS

CÉDULAS

CÉDULAS

233

Parte integrante da Coleção Eu gosto m@is – Matemática 3º ano – IBEP.

ENVELOPE PARA CÉDULAS E MOEDAS

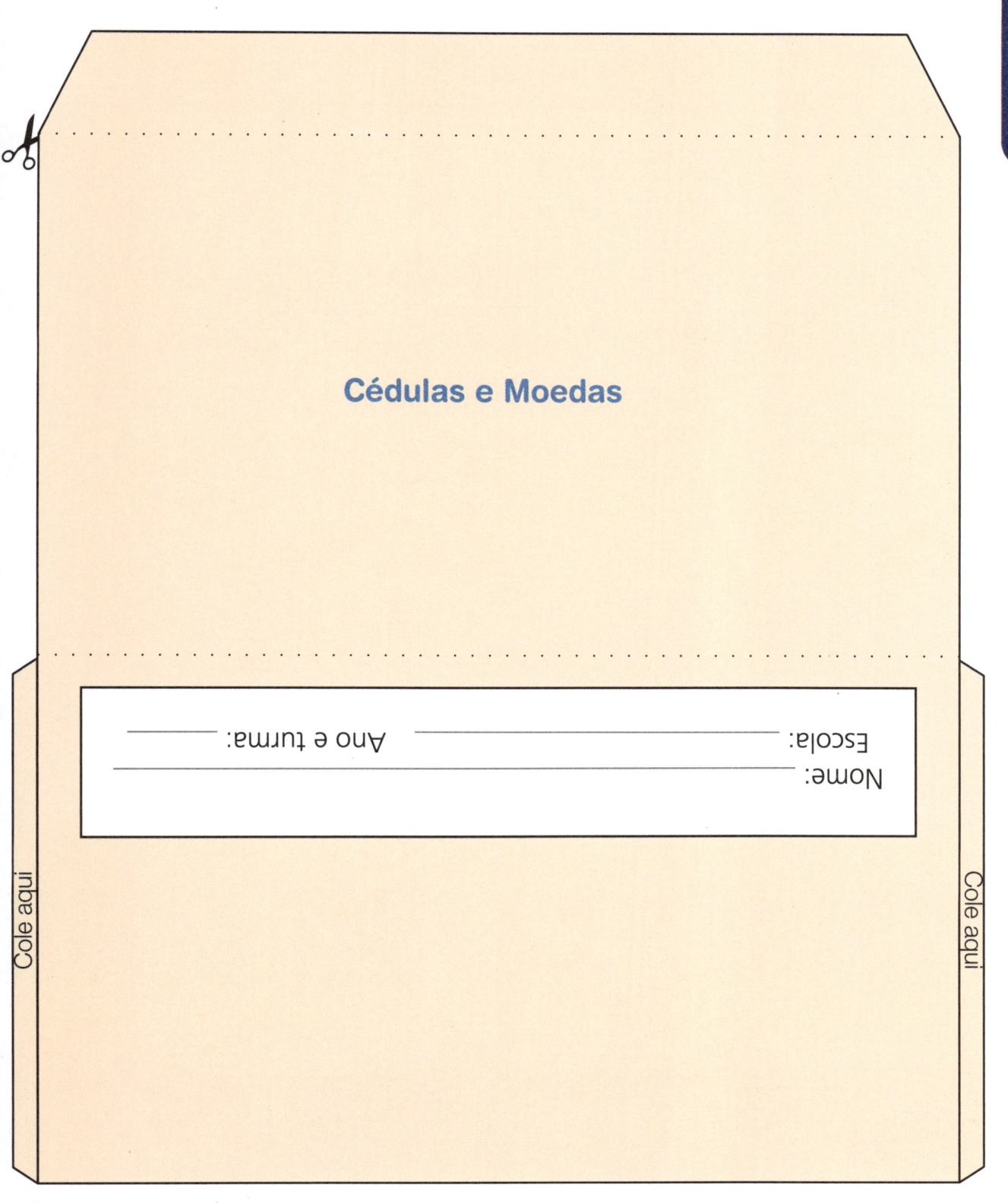

Cédulas e Moedas

Nome:
Escola:
Ano e turma:

Cole aqui

Cole aqui

ALMANAQUE

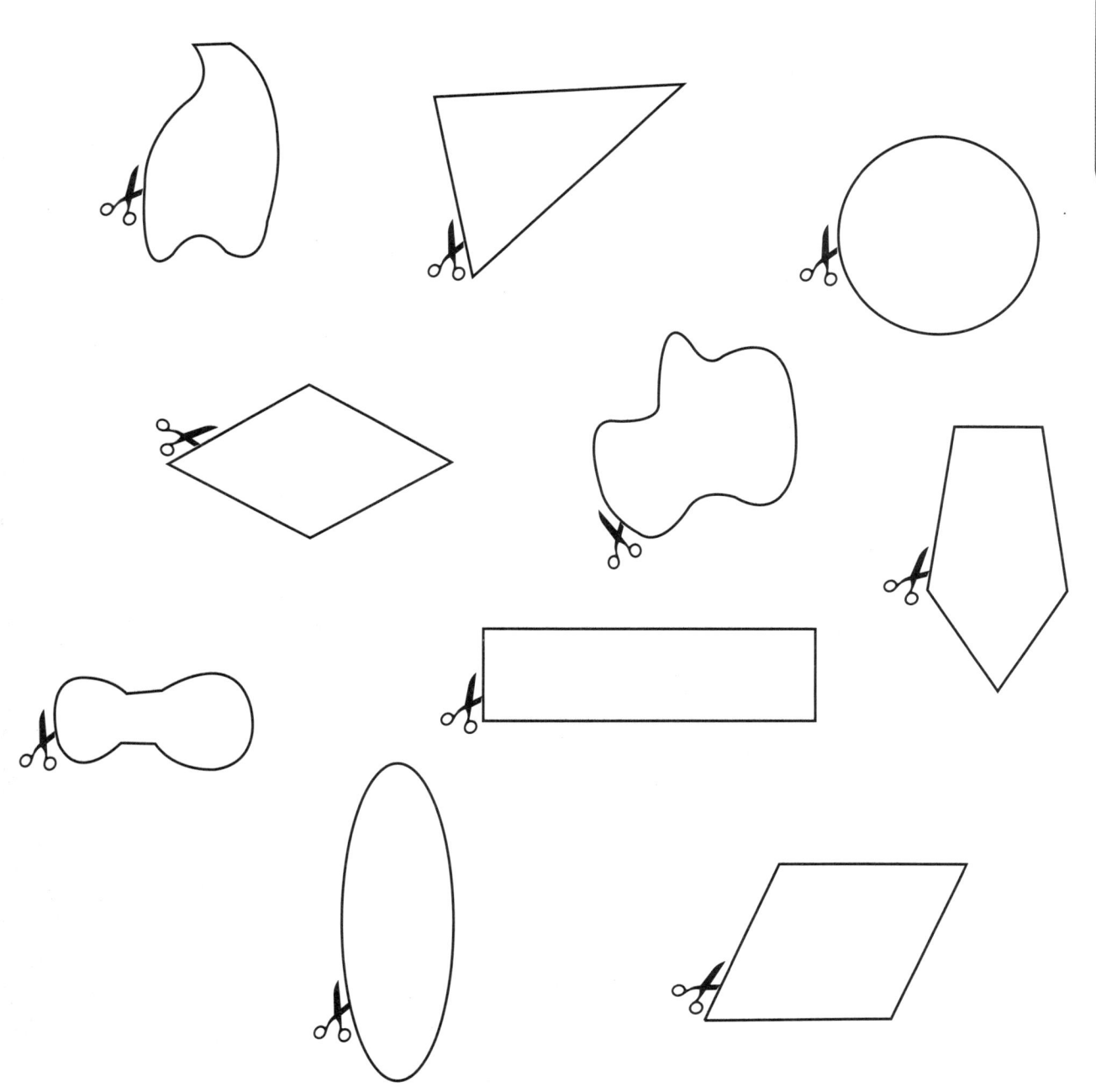

FIGURAS COM LINHAS RETAS E LINHAS CURVAS

FIGURAS COM LINHAS RETAS

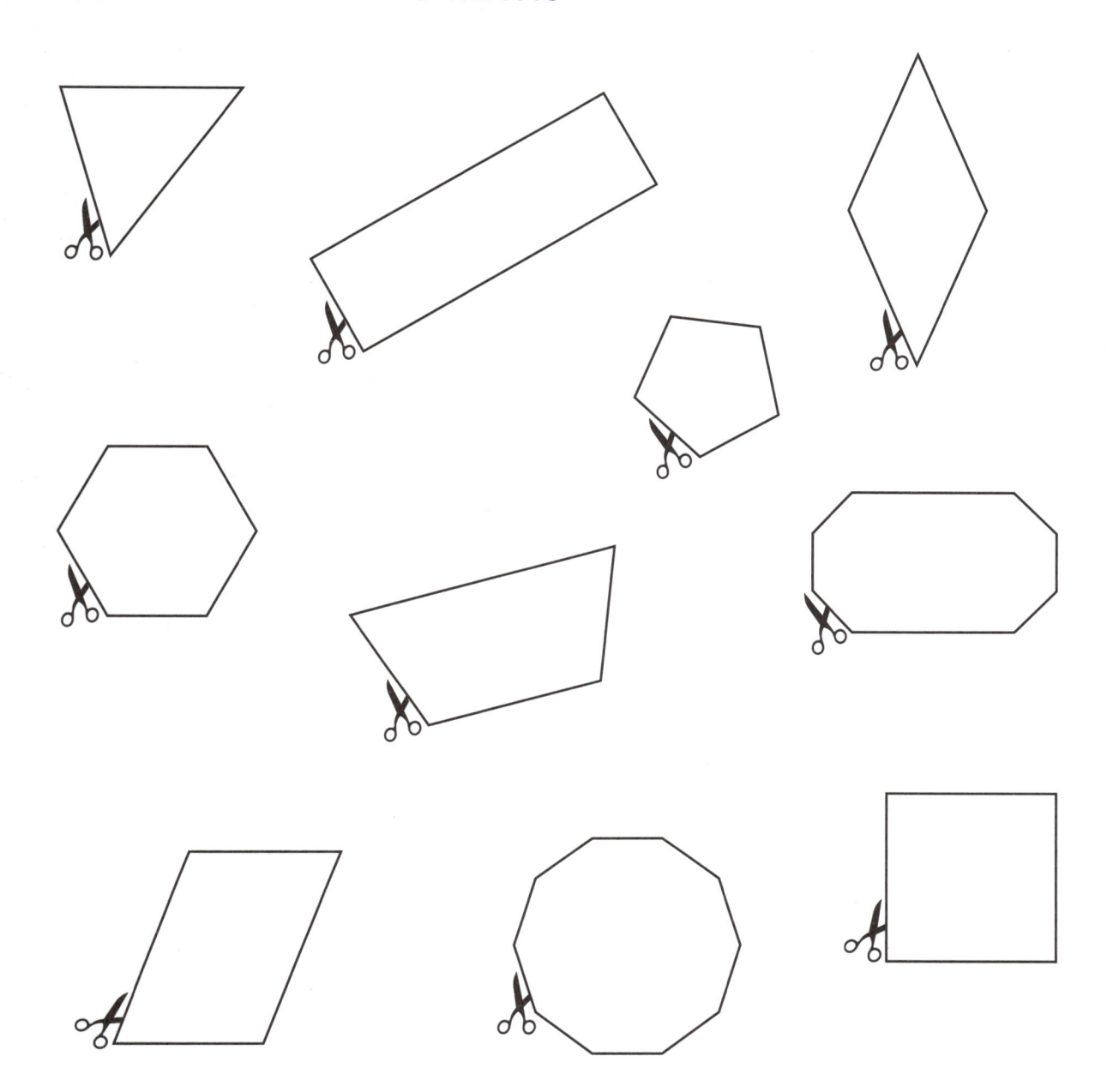

ALMANAQUE